多功能蛋白质生物农药AMEP的鉴定与开发

刘 权 吕彦学／著

吉林科学技术出版社

图书在版编目（CIP）数据

多功能蛋白质生物农药AMEP的鉴定与开发 / 刘权，吕彦学著. -- 长春：吉林科学技术出版社，2021.7

ISBN 978-7-5578-8440-6

Ⅰ. ①多… Ⅱ. ①刘… ②吕… Ⅲ. ①生物农药－研究 Ⅳ. ① S482.1

中国版本图书馆CIP数据核字(2021)第157018号

DUOGONGNENG DANBAIZHI SHENGWU NONGYAO AMEP DE JIANDING YU KAIFA

多功能蛋白质生物农药AMEP的鉴定与开发

著　刘　权　吕彦学
出 版 人　宛　霞
责任编辑　蒋雪梅
封面设计　马静静
制　　版　北京亚吉飞数码科技有限公司
幅面尺寸　170 mm × 240 mm
开　　本　710 mm × 1000 mm　1/16
字　　数　210千字
印　　张　12.75
印　　数　1—5 000册
版　　次　2022年3月第1版
印　　次　2022年3月第1次印刷

出　　版　吉林科学技术出版社
发　　行　吉林科学技术出版社
地　　址　长春市南关区福祉大路5788号龙腾国际大厦
邮　　编　130118
发行部传真/电话　0431-85635176　85651759　85635177
　　85651628　85652585
储运部电话　0431-86059116
编辑部电话　0431-81629516
网　　址　www.jlsycbs.net
印　　刷　三河市德贤弘印务有限公司

书　　号　ISBN 978-7-5578-8440-6
定　　价　65.00元

前 言
PREFACE

植物免疫是我国绿色农业发展进程中出现的新兴研究热点。其原理基于微生物来源的非致病性蛋白会激发植物的防卫反应，进而提高植物的抗病性并促进植物生长代谢相关的指标。该类蛋白也被称为蛋白激发子，首个代表性蛋白Harpin于1992年由美国康奈尔大学植物病理学系Steven.Beer教授报道。由于此类蛋白不引起病害，且自身无污染残留，可开发为生物农药，是化学农药的理想替代品。

当今，我国市场也出现了多种包含“激发、激活、信号”等关键词的Harpin类产品，但受限于稳定性和功能性，市场占有率停滞不前，最初主打的防病效果也不再是卖点，转而成为一种生长促进剂，始终无法成为有效的化学农药替代品。在应用环节，一些公司将其生产的Harpin蛋白与氨基酸、寡糖、多肽等植物营养剂甚至是传统叶面肥进行混用，试图通过肥力促进植物生长的可见性状来掩盖产品激发植物免疫功能的缺陷，造成了市场乱象。此外，蛋白生物农药的生产流程和施用环节仍沿用传统的行业方案，以处理微生物菌体的方法对蛋白质进行处理，极大的限制了蛋白质分子功能的发挥。

为了解决蛋白激发子类生物农药产品在实际应用中防病效果偏弱的问题，笔者前期从生防菌株－枯草芽孢杆菌中分离鉴定了一种兼具抗菌和激发功能的全新蛋白AMEP，并筛选获得了该蛋白的高效表达菌株。该全新蛋白激发子通过直接抑制病原菌和激发植物免疫两种途径实现了对病害的综合控制，且天然表达量远高于重组表达，具备理论创新性和实际可开发性。

在本书编写之际，AMEP蛋白制剂在黑龙江农垦北大荒集团九三分公司的有机大豆中进行了田间示范试验，取得了显著的提升抗逆性和产量品质的结果，有理由相信AMEP蛋白制剂可为我国生物农药产业开创新的方向。

本书由刘权、吕彦学撰写完成，孙薇负责审稿校对。具体分工如下：

第一章至第五章，共12.54万字：刘权（黑龙江八一农垦大学生命科技学院）；

第六章至第八章，共8.74万字：吕彦学（北大荒农垦集团有限公司九三分公司农业发展部）。

本专著受到国家自然科学基金项目（31101485）、黑龙江省自然科学基金（LH2021C064）、黑龙江八一农垦大学创新人才项目（ZRCQC201904）、黑龙江八一农垦大学九三大豆试验示范基地项目和全国基层农技推广体系改革与建设补助项目（2021，农垦九三分公司）支持。

作者

2021年5月

目 录
CATALOGUE

第一章

植物免疫与蛋白激发子

在我国农业现代化的发展进程中，农药和化肥的大量使用虽然大幅度提高了作物产量，但同时也带来了一系列问题。长期、反复和大量使用化学农药引起土壤、水体和大气的污染，农副产品中农药残留增加，直接危害了人民群众的健康。而且化学农药在杀病原菌的同时也杀伤了其他有益微生物、昆虫和畜禽，破坏了生态平衡。同时随着病原真菌和细菌抗药性的不断加深和扩大，种植者不得不加大农药的施用量和频度，从而造成化学农药应用的恶性循环。化肥长期大量的施用，会导致土壤理化特性和生物学特征丧失，土壤肥力可持续性下降，已成为限制现代农业高产稳产的主要因素之一。为此，我国农业部提出了减化肥、减农药、增效益“两减一增”的绿色防控目标。绿色生物农药正是这样一类与环境相容的绿色农药，它具有选择性强、无污染、不易产生抗药性、不破坏生态环境且生产原料广泛等特点，应用前景广阔。发展绿色生物农药，将在生物农业领域起到重要支撑作用，并逐步发展成为战略性新兴产业。在此背景下，绿色无公害的生物农药产业迎来了难得的发展空间，在产品品种结构、组织方式、防治技术等方面得到不断改进，逐渐成为我国未来经济中具有发展潜力的新增长点。

以蛋白激发子为代表的植物免疫诱抗剂研究是近年绿色生态农药产品研究中新的方向。这些免疫诱抗剂的共同突出特点不同于传统的农药，并不追求直接杀死病原菌，而是通过激活植物自身的免疫系统和生长发育系统，调节植物的新陈代谢，诱导植物产生广谱性的抗病、抗逆能力。近年来除了各种类型的蛋白激发子不断被发现外，激发子作用的分子靶标、分子机制研究亦不断深入，并主要集中在激发子受体、诱导免疫反应的信号通路等有关技术的突破，促进了植物免疫诱抗剂的快速发展。作为一类新型的多功能生物制品，已有部分产品（如蛋白激发子、寡糖、脱落酸、枯草芽孢杆菌及木霉等）在国内管理部门登记注册，并得到初步推广应用。以往创制防治植物病害药物的基本原则,大都以病原菌为靶标,以能快速全面杀死靶标为目标,忽视了被病原菌危害的寄主植物本身对这些外来生物的抵抗能力。而今利用植物的诱导免疫抗性,恰恰是重视了植物的生长规律及其自身对病害发生的潜在控制能力而制定的防治对策。提高植物自身的抗病水平,减少对化学农药的防病依赖,可从根本上减少农药的过度使用对环境和农产品带来的污染。

第一节 植物免疫与激发子

一、植物免疫概念

植物在与病原菌长期互作的进化过程中,形成了一套复杂的先天免疫机制。Jones 等[1]在2006年提出Zigzag理论,将植物先天免疫分为两个阶段(图1.1)。第一阶段,病原菌会分泌出一些毒性因子攻击植物,而植物为了逃避病原菌的攻击,进化出细胞膜表面模式识别受体(Pattern recognition receptors, PRRs),用于识别病原菌的病原相关分子模式(Pathogen-associated molecular patterns, PAMPs),并激发植物产生病原相关分子模式触发的免疫反应(PAMP-triggered immunity, PTI)。第二阶段,病原菌则进化出效应分子(Effector)进入植物细胞,抑制寄

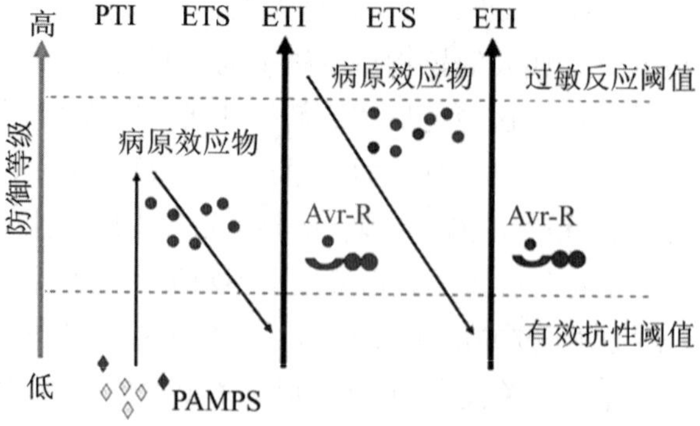

图 1.1 植物免疫的 Zigzag 理论

Figure 1.1 The Zigzag theory of plant immune

主产生的PTI,克服植物的抗病性；同时,植物也针对病原菌效应分子进化出一类包含核苷酸结合结构域和亮氨酸富集重复区的受体类蛋白(Nucleotide-binding leucine-rich repeat receptors, NLRs),识别进入到植物细胞内的效应蛋白,产生效应蛋白触发的免疫(Effector-triggered immunity, ETI)[2]。之后,病原菌的效应蛋白会发生变异以逃避识别,以利于病原菌的继续侵染。如此不断反复与进化,形成了复杂的病原菌与植物相互作用机制。

传统的抗病品种选育会导致病原菌承受更强的选择压力,加快病原菌的进化,不利于植物病害的可持续防控。植物的诱导免疫抗性则通过调节植物防卫和代谢系统,诱导产生基础免疫反应,达到延迟或减轻病害的效果。能够激活植物免疫的生物因子统称为植物免疫激发子,主要包括寡糖、多肽、蛋白、脂质等[3]。植物免疫激发子在许多微生物中广泛存在,是微生物与植物互作的关键环节,且对微生物的适应和生存也具有重要作用。

二、蛋白激发子

蛋白类激发子是目前鉴定到种类最多的激发子类型。近年来科学家们已经从细菌、真菌、卵菌、病毒及植物等物种中鉴定到多种蛋白激发子。如梨火疫病菌的过敏致病性蛋白(Harpin)(见图1.2)、丁香假单胞菌的鞭毛蛋白(Flagellin)、绿色木霉的木聚糖酶(Xylanase)、酵母的转化酶(Invertase)、辣椒疫霉的隐地蛋白(Elicitin)、大豆疫霉的糖基水解酶(XEG1)、极细链格孢菌的激活蛋白(PeaT1)、烟草花叶病毒的外壳蛋白、番茄中的系统素等[4-12]。

图 1.2　Steven 教授在 Science 发表 Harpin 蛋白的封面文章

Figure 1.2　The cover report of Harpin on Science journal byProfessor Steven

相对于化学农药,蛋白激发子具有无污染残留,诱导抗性广谱,不产生抗药性的优势,可部分替代化学农药[13]。国内外已有多种蛋白激发子被开发转化为蛋白类生物农药。其中,最具代表性的成果是美国的Harpin和中国的PeaT1。Harpin由美国康奈尔大学Steven教授发现,先后经美国EDEN和AXIOM公司开发成蛋白类生物农药(见图1.3)。经过多年的推广和应用,Harpin已经成为世界上一个知名的免疫诱抗制剂。PeaT1由中国农业科学院植物保护研究所鉴定,经中保集团开发为蛋白类生物农药——阿泰灵,已于2014年获得农药登记证,田间应用对农作物病毒病具有理想的防控效果,在我国生物农药市场具有较高的占有率(见图1.4)。

图 1.3 基于 Harpin 蛋白开发的蛋白生物农药产品

Figure 1.3 The bio-pesticide product developed based on Harpin protein

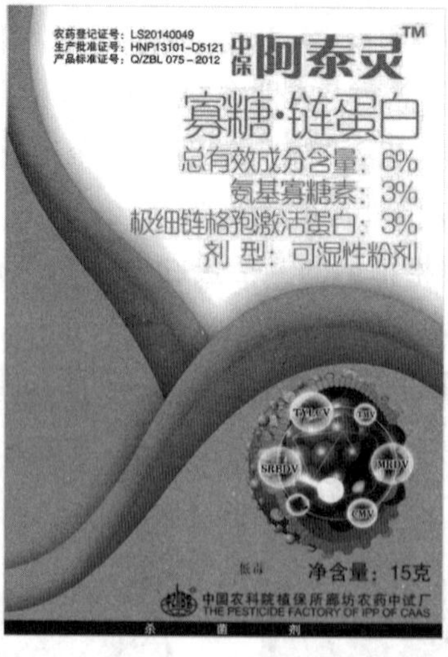

图 1.4 基于 PeaT1 蛋白开发的蛋白生物农药产品

Figure 1.4 The bio-pesticide product developed based onPeaT1 protein

植物免疫概念的提出是基于病原菌与植物互作,因此传统的蛋白激发子的鉴定大都集中在植物病原菌。近些年来,一些来自于生防菌的蛋白激发子陆续被报道,如枯草芽孢杆菌的丰原素(Fengycin)和表面活性素(Surfactin)、解淀粉芽孢杆菌的PeBA1和杨凌糖丝菌的BAR11[14–16]。生防菌来源的蛋白激发子拓展了蛋白激发子的来源,但其作用机制仍有待进一步明确。

三、新型蛋白激发子 AMEP

AMEP是由本研究团队从枯草芽孢杆菌中分离鉴定的一种全新的蛋白激发子[17]。该蛋白激发子由76个氨基酸组成,分子量为8.36 kD,富含赖氨酸和亮氨酸等疏水氨基酸,其17—36位氨基酸被预测为跨膜结构域。AMEP的二级结构主要由α螺旋组成,以多聚体形式稳定存在于水性溶液中,且具有良好的热稳定性。实验表明,AMEP能够有效引起烟草叶片的过敏反应(Hypersensitive response, HR),造成活性氧(Reactive oxygen species, ROS)积累和提高抗逆相关蛋白酶表达等早期防卫反应。AMEP处理能够诱发烟草的系统获得抗性,减轻病原菌引发的病害症状。

传统的蛋白激发子功能局限在激发植物免疫方面,即便有对病原菌和病虫害的防治功能也是通过提高植物自身抗性间接实现的。本团队前期研究发现, AMEP可直接作用于病原菌和病虫,具有对部分病原菌(疮痂链霉菌等)的抗性和对有害昆虫(白粉虱等)的杀伤活性[18, 19]。这意味着AMEP能够从激发植物免疫、拮抗病原菌和杀伤害虫等多方面综合对植物健康生长起到促进作用,这样的多重功能在已报道的蛋白激发子中尚不多见。AMEP在枯草芽孢杆菌发酵液中具有很高的表达水平(约1 mg/mL),不需要重组表达,可直接开发为蛋白类生物农药制剂。此外, AMEP的来源为枯草芽孢杆菌,其发酵液中含有大量抗菌物质,如果能够有效保留至成品制剂,将进一步增强制剂的生防效果。

综上所述, AMEP作为新发现的多功能蛋白激发子,是开发为蛋白类生物农药的理想候选。但是,与大多数蛋白激发子不同, AMEP为生防菌来源,且能够与植物、病原菌和害虫的细胞相互作用,推测其作用机制与现有蛋白激发子存在较大差异。目前,关于AMEP作用机制的研究还未深入展开,这不仅限制了对AMEP特性的深入了解,也阻碍了其开发为生防制剂的进程。因此,阐明AMEP蛋白激发子的作用机制是亟待解决的关键问题。

第二节　蛋白激发子研究进展

一、蛋白激发子的作用机理

研究表明，蛋白激发子处理植物能够引起植物细胞内部一系列代谢变化，而细胞定位研究发现这些蛋白激发子并不进入细胞内部，只停留在细胞壁和质膜区。这意味着在植物细胞表面存在着能够与蛋白激发子互作的受体，将外部刺激信号传递到细胞内部，诱导各种信号通路的表达。目前已经在植物细胞膜上鉴定到多种模式识别受体（PRRs），能够识别外来蛋白激发子，传递信号至细胞内，激活植物免疫系统。这些模式识别受体包括类受体激酶（Receptor-like kinases，RLKs）和类受体蛋白（Receptor-like proteins，RLPs）[20]（见图 1.5）。其中，类受体激酶定位于质膜上，包含一个胞外配体结合结构域、一个跨膜结构域，以及胞内的蛋白激酶结构域[21]；而类受体蛋白仅含有胞外结构域和跨膜结构域，缺少胞内的激酶结构域，因此类受体蛋白需要与其他的胞内共受体激酶结合共同传递下游信号[3]。目前研究相对清楚的受体有：细菌鞭毛蛋白（Flagellin）flg22 的识别受体 FLS2 和细菌中的转录延伸因子（EF-Tu）elf18 的识别受体 EFR 等[22, 23]。

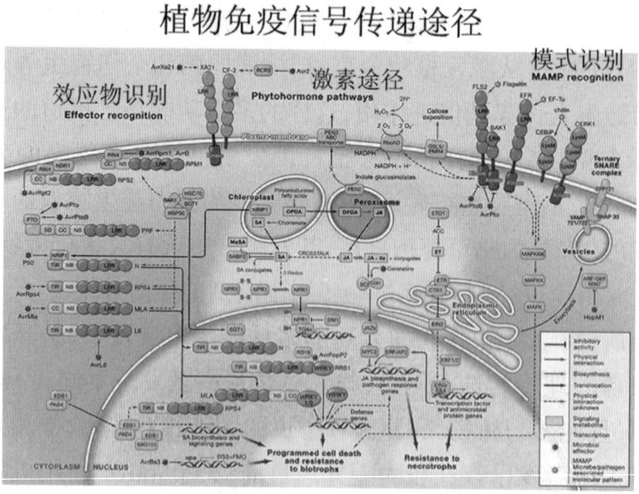

图 1.5　植物免疫的信号传导途径

Figure　1.5 The signal transduction pathways of plant immune

植物细胞表面受体对蛋白激发子的识别，仅仅是它们做出免疫应答的开始。研究表明，植物细胞表面受体还需要和其他质膜蛋白一起作用，将这个信号通过相应的信号转导途径传递到下游，从而使植物做出进一步免疫应答[24]。例如，BAK1（BRI1 associated receptor kinase 1）是一个在多种信号转导途径中普遍存在的共受体蛋白，研究发现其参与多种受体复合体介导的PTI 信号转导[25, 26]。受体被激活后，通常经过磷酸化将信号传递到下游，并引起下游 Ca^{2+} 信号内流、活性氧积累、胼胝质积累、气孔关闭、水杨酸产生等一系列抗病相关的免疫反应[27]。

蛋白激发子引起的植物的防卫反应通常由不同的植物激素介导的信号通路进行调节。目前的研究认为，由水杨酸（Salicylic acid, SA）、茉莉酸（Jasmonic acid, JA）和乙烯（Ethylene, ET）介导的抗病性发生过程，组成了植物防卫反应的基本信号通路[28–30]（见图1.6）。其中，SA信号途径主要诱导植物对半活体/活体营养性病原菌的抗性，JA/ET信号途径主要是用于抵抗草食性昆虫和死体营养性（腐生）病原菌[31]。已有研究证明，SA信号途径参与了病原菌诱导的系统获得抗性（System acquired resistance, SAR）的形成，而JA/ET信号途径是诱导系统抗性（Induced systemic resistance，ISR）不可或缺的[32, 33]。除以上三种主要的植物激素外，还有许多植物激素参与了植物防卫反应的信号通路，如脱落酸（Abscisic acid, ABA）、吲哚乙酸(Indole–3–acetic acid, IAA)、类固醇（Brassinosteroids, BRs）、细胞分裂素（Cytokinins, CKs）、褪黑素（Melatonin）等[34]。这些植物激素通过独立、协同或拮抗的相互作用方式共同调节植物的免疫反应途径[35]。

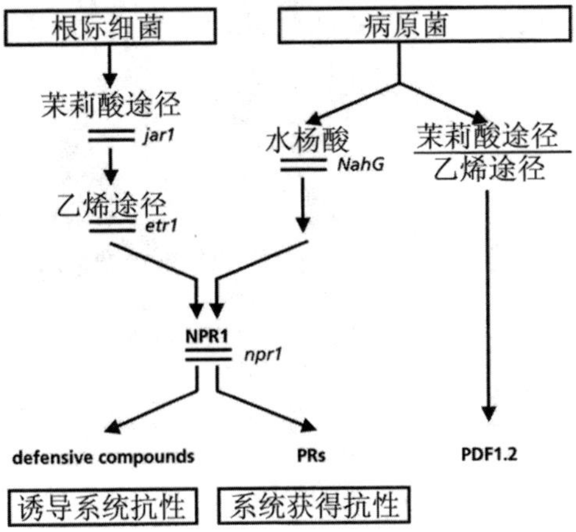

图 1.6　植物激素与抗性的作用关系

Figure 1.6　The interaction between plant hormone and resistance

二、蛋白激发子 Harpin 的研究进展

1992年，康奈尔大学研究团队从梨火疫病菌Erwinia amylovora中分离出一个44kD的蛋白，它能够在烟草上激发过敏反应，后被命名为Harpin[4]。随后研究者在多种革兰氏阴性植物病原菌中发现了一系列的Harpin类蛋白激发子，包括HrpN、Hpa1、HrpZ、XopA、HrpW和HopP1等[36-40]。Harpin由革兰氏阴性菌的第三型分泌系统（Type 3 secretion system，T3SS）分泌（见图1.7）。T3SS是类似注射器的纤毛结构，底座

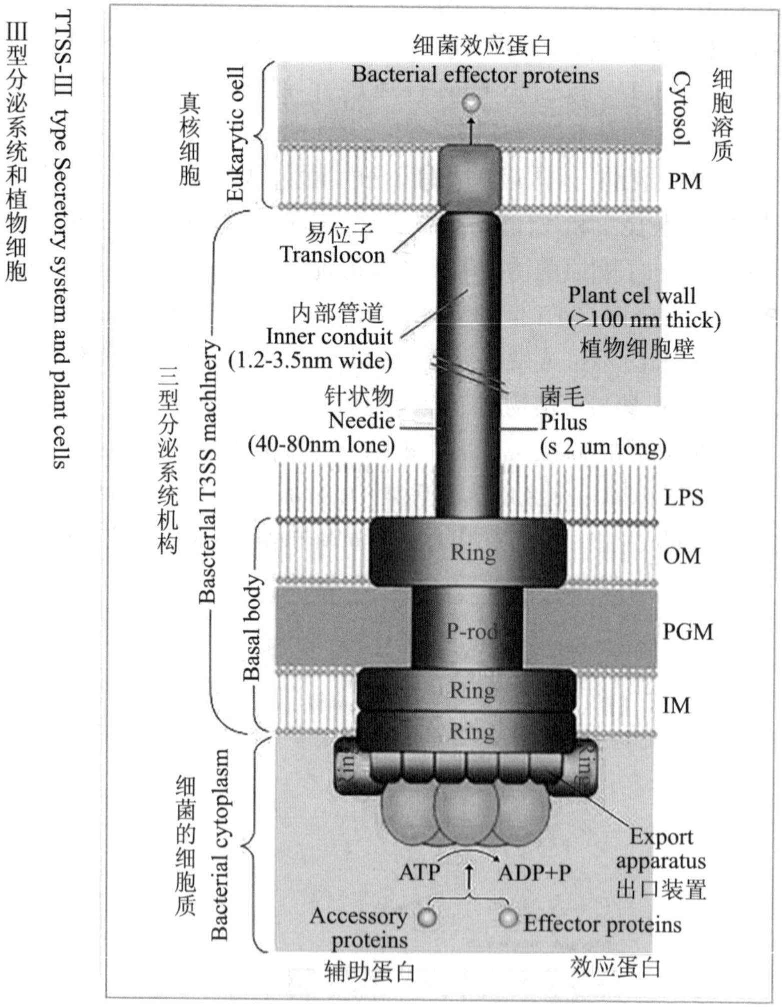

图 1.7 细菌三型分泌系统（T3SS）结构示意图

Figure 1.7 The Type 3 secretion system structure map

横跨细菌内外膜，头部能够插入植物细胞膜，直接将效应蛋白分泌到植物寄主细胞内，调节寄主细胞的功能，包括免疫和防御反应。Harpin是T3SS纤毛结构的顶端组成部分，在病原菌侵染时定位于植物细胞质膜上，其主要作用是帮助病原菌的效应蛋白进入寄主细胞[41, 42]。由于Harpin在病原细菌中广泛分布，通常认为其作用模式为PAMPs，引发PTI免疫反应，但研究发现其能激活类似效应子激发的免疫，即ETI。Harpin蛋白既能诱导植物产生HR，也能诱导植物的抗病、抗虫性，还具有促进植物生长和抗逆性的功能，这些表型与Harpin诱导的植物内在免疫反应有关[43-45]。

研究发现，Harpin蛋白在植物细胞膜上的受体普遍且多样化，包括细胞膜上的胆固醇、磷脂酸和膜蛋白等。细胞膜上的胆固醇被发现与PopB和PopD结合并传递信号[46]；HrpZ1能够与磷脂酸结合并在质膜形成的囊泡上打孔[47]；HrpN能够细胞膜上的跨膜蛋白HIPM（HrpN-interacting protein from Malus）互作识别[48]；Hpa1能够与水通道蛋白（AQP）OsPIP1;3互作，并进一步帮助效应蛋白PthXo1的转运[49]。但是，由于Harpin类蛋白激发子种类众多，目前并没有明确且统一的受体模式。此外，从细胞膜受体到细胞内信号转导通路之间的联系尚不明确。

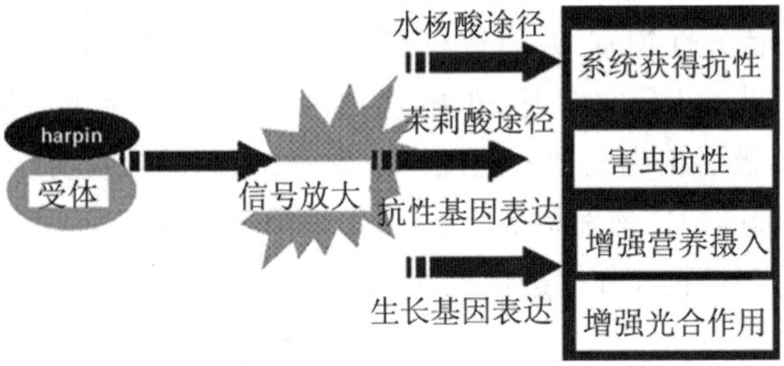

图 1.8　蛋白激发子 Harpin 的作用机理

Figure 1.8　The mechanism of protein elicitor Harpin

Harpin蛋白与植物互作后的信号传导主要集中在水杨酸途径、茉莉酸/乙烯途径，不同途径通常引起不同的防卫反应。HrpN能够通过NPR1基因调节水杨酸（SA）信号途径表达诱导，提高植物的抗病性[45]；HrpN可以通过诱导乙烯的瞬间积累和相关基因表达，提高植物对蚜虫的抗性[50]；此外，HrpN还能增强ABA的积累，促进ABA调控基因和效应基因的表达或增强，提高植物的抗旱性[51]。PopA1 通过水杨酸（SA）信号途径提高植物对卵菌的抗性[52]。Hpal能够通过水杨酸（SA）信号通路和NPR1基因诱导植物病程相关（Pathogenesis-Related，PR）蛋白的表达,使植物产生系统获得抗性(SAR)[53]。这些信息对于勾勒Harpin引起的信号传导途径的大致轮廓起到重要作用,但这些途径的具体细节及各条信号通路之间的交叉作用等很多问题仍有待进一步阐明。

三、蛋白激发子 XEG1 的研究进展

蛋白激发子XEG1是南京农业大学研究团队从大豆根腐病的病原菌大豆疫霉中鉴定到的一个GH12家族糖基水解酶,其糖基水解酶活性能够降解植物的细胞壁,从而帮助疫霉菌顺利侵染。该蛋白激发子属于一类全新的病原相关模式分子,具有高度保守性,在卵菌中广泛存在[54]。XEG1能够诱导一系列的植物免疫反应,包括活性氧迸发、胼胝质积累、抗病相关基因的高量表达,并诱导植物产生过敏性坏死反应。

目前,蛋白激发子XEG1的作用机理研究已经基本明确(见图1.9)。虽然XEG1具有木葡聚糖酶水解活性,但其诱发植物细胞过敏反应的能力不依赖于其水解酶活性,而是依赖一类共受体蛋白BAK1。BAK1是一个在多种信号转导途径中普遍存在的共受体蛋白,可以与XEG1结合完成PAMP的特异性识别,并通过与其他受体蛋白协作,向下游通路传递信号[25, 26]。进一步研究发现,植物体内的受体RXEG1能够特异性的结合XEG1,从而激活相应的免疫通路[55]。此外,卵菌的效应分子(Avh类蛋白)能够抑制XEG1诱发防卫反应,帮助病原菌完成侵染,这也进一步体现了病原菌与植物互作的进化机制。

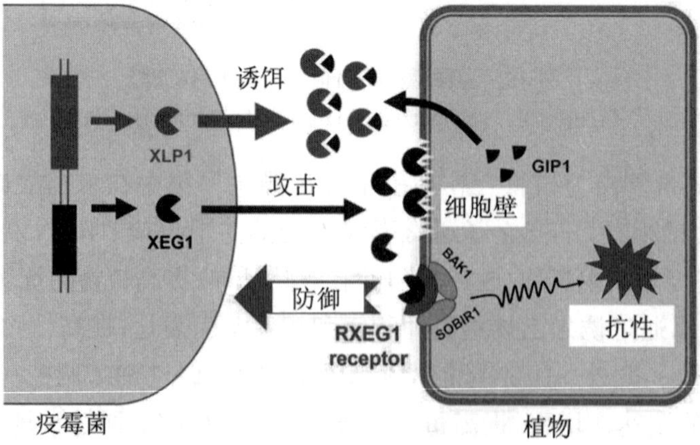

图 1.9 蛋白激发子 XEG1 的作用机理

Figure 1.9 The mechanism of protein elicitor XEG1

四、蛋白激发子 PeaT1 的研究进展

蛋白激发子PeaT1是中国农业科学院研究团队从极细链格孢菌(Alternaria tenuissima)中分离鉴定的[10]。该蛋白激发子包含有β折叠的NAC(Nascent polypeptide-associated complex)结构域和α螺旋的UBA结构域(Ubiquitin-associated domains),具有热稳定性。研究表明，PeaT1能够通过水杨酸(SA)信号途径促进抗病性相关基因、病程相关蛋白和抗逆相关蛋白的上调表达,提高烟草植株对TMV病毒的抗性,但不能诱导植物产生过敏性坏死反应(HR)。FITC标记的PeaT1能够与烟草质膜特异性结合[56, 57]。研究者通过Far-Western blot的方法在烟草细胞膜上找到了PeaT1的受体蛋白PtBP1[58]。此外,研究人员通过VIGS方法将PtBP1进行基因沉默,能够阻断抗病相关基因的上调表达,降低烟草的抗病性。这证明了PtBP1作为蛋白激发子PeaT1在细胞膜上的受体,具有接收刺激信号并介导下游的抗病性信号传递的作用(见图1.10)。

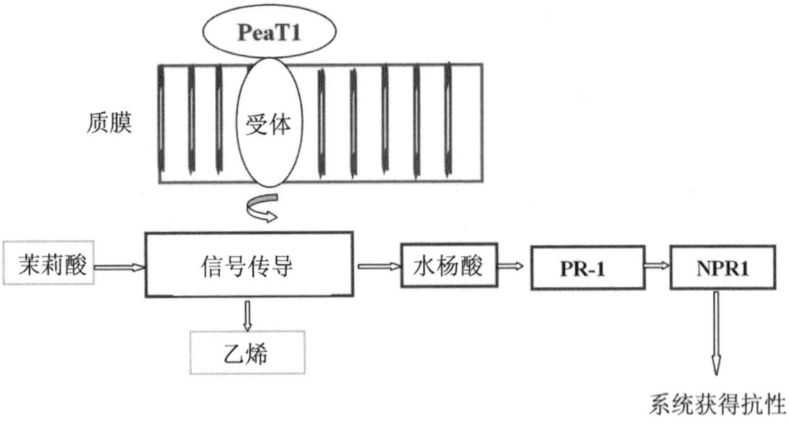

图 1.10 蛋白激发子 PeaT1 的作用机理

Figure 1.10 The mechanism of protein elicitorPeaT1

蛋白激发子是植物免疫的新领域,是揭示“植物—病虫害—生物农药”三者关系理论基础的重要实践,也是生物农药创制热门的研究方向,是具有巨大发展前景的新型战略产业[59]。尽管随着蛋白激发子的鉴定和作用机理研究的深入,对基于PAMP模式和Effector模式的蛋白激发子及其分别诱导的PTI和ETI免疫反应过程有了进一步了解,尤其是一些代表性的蛋白激发子作用机理研究取得了标志性进展。但是,由于蛋白

激发子种类多样且不断新增,以及植物免疫系统的复杂性,目前对蛋白激发子的类型和作用机理仍然缺乏整体和系统的深入了解。这需要研究者针对新类型的蛋白激发子不断展开深入研究,进一步揭示植物免疫网络调控系统中的未知环节,逐步丰富和完善蛋白激发子与植物免疫的理论系统。

参考文献

[1] Jones JD, Dang JL. The plant immune system[J]. Nature, 2006, 444(7117): 323–329.

[2] Schwessinger B, Ronald PC. Plant innate immunity: perception of conserved microbial signatures[J]. Annual Review of Plant Biology, 2012, 63(1): 451–482.

[3] Boutrot F, Zipfel C. Function, discovery, and exploitation of plant pattern recognition receptors for broad–spectrum disease resistance[J]. Annual Review of Phytopathology, 2017, 55: 257–286.

[4] Wei ZM, Laby RJ, Zumof CH, et al. Harpin, elicitor of the hypersensitive response produced by the plant pathogen *Erwinia amylovora*[J]. Science, 1992, 257:85–88.

[5] Che FS, Nakajima Y, Tanaka N, et al Flagellin from an incompatible strain of *Pseudomonas avenae* induces a resistance response in cultured rice cells[J]. Journal of Biological Chemistry,2000, 275: 32347–32356.

[6] Hanania U, Avni A. High affinity binding site for ethylene–inducing xylanase elicitor on *Nicotiana tabacum* membranes[J]. The Plant Journal, 1997, 12: 113–120.

[7] Basse CW, Fath A, Boller T. High affinity binding of a glycopeptide elicitor to tomato cells and microsomal membranes and displacement by specific glycan suppressors[J]. Journal of Biological Chemistry. 1993, 268: 14724–14731.

[8] Ricci P, Bonnet P, Huet JC, et al. Structure and activity of proteins from pathogenic fungi *Phytophthora* eliciting necrosis and acquired resistance in tobacco[J]. European Journal of Biochemistry, 1989, 183: 555–563.

[9] Ma Z, Zhu L, Song T, et al. A paralogous decoy protects *Phytophthora sojae* apoplastic effector PsXEG1 from a host inhibitor[J]. Science, 2017, 355(6326): 710–714.

[10] Mao J, Liu Q, Yang X, et al. Purification and expression of a protein elicitor from *Alternaria tenuissima* and elicitor–mediated defence responses in tobacco[J]. Annals of Applied Biology, 2010, 156: 411–420.

[11] Allan AC, Lapidot M, Culver JN, et al. An early tobacco mosaic virus–

induced oxidative burst in tobacco indicates extracellular perception of the virus coat protein[J]. Plant Physiology, 2001, 126(1): 97–108.

[12] Pearce G, Strydom D, Johnson S, et al. A polypeptide from tomato leaves induces wound-inducible proteinase inhibitor proteins[J]. Science, 1991, 253(5022): 895–898.

[13] 邱德文. 我国植物免疫诱导技术的研究现状与趋势分析[J]. 植物保护, 2016, 42(5): 10–14.

[14] Ongena M, Jourdan E, Adam A, et al. Surfactin and Fengycin lipopeptides of *Bacillus subtilis* as elicitors of induced systemic resistance in plants[J]. Environmental Microbiology, 2007, 9: 1084–1090.

[15] Wang N, Liu M, Guo L, et al. A novel protein elicitor (PeBA1) from *Bacillus amyloliquefaciens* NC6 induces systemic resistance in tobacco[J]. International Journal of Biological Sciences, 2016, 12: 757–767.

[16] Zhang Y, Yan X, Guo H, et al. A novel protein elicitor BAR11 from *Saccharothrix yanglingensis* Hhs.015 improves plant resistance to pathogens and interacts with catalases as targets[J]. Frontiers in Microbiology, 2018, 9: 700.

[17] Shen Y, Li J, Xiang J, et al. Isolation and identification of a novel protein elicitor from a *Bacillus subtilis* strain BU412[J]. AMB Express, 2019, 9: 117.

[18] Liu Q, Shen Y, Yin K. The antimicrobial activity of protein elicitor AMEP412 against *Streptomyces scabiei*[J]. World Journal of Microbiology and Biotechnology, 2020, 36: 18.

[19] Liu Q, Zhang B, Shen Y, et al. Effect of the protein elicitor AMEP412 from Bacillus subtilis artificially fed to adults of the whitefly, *Bemisia tabaci* (Genn.) (Hemiptera: Aleyrodidae) [J]. Egyptian Journal of Biological Pest Control, 2020, 30: 3.

[20] Wang G, Fiers M, Ellendorff U, et al. The diverse roles of extracellular leucine-rich repeat-containing receptor-like proteins in plants[J]. Critical Reviews in Plant Sciences, 2010, 29(5): 285–299.

[21] Seifert GJ, Blaukopf C. Irritable walls: the plant extracellular matrix and signaling[J]. Plant Physiology, 2010, 755(2): 467–478.

[22] Gomez-Gomez L, Boller T. FLS2: An LRR receptor-like kinase involved

in the perception of the bacterial elicitor flagellin in *Arabidopsis*[J]. Molecular Cell, 2000, 5(6): 1003–1011.

[23] Zipfel C, Kunze G, Chinchilla D, et al. Perception of the bacterial PAMP EF–Tu by the receptor EFR restricts Agrobacterium–mediated transformation[J]. Cell, 2006, 125(4): 749–760.

[24] Zipfel C. Pattern–recognition receptors in plant innate immunity[J]. Current Opinion in Immunology, 2008, 20(1): 10–16.

[25] Chinchilla D, Shan L, He P, et al. One for all: the receptor–associated kinase BAK1[J]. Trends in Plant Science, 2009, 14(10): 535–541.

[26] Heese A, Hann DR, Gimenez–Ibanez S, et al. The receptor–like kinase serk3/bak1 is a central regulator of innate immunity in plants[J]. Proceedings of the National Academy of Sciences, 2007, 104(29): 12217–12222.

[27] Liang XX, Zhou JM. Receptor–like cytoplasmic kinases: central players in plant receptor kinase–mediated signaling[J]. Annual Review of Plant Biology, 2018, 69: 267–299.

[28] Dangl JL, Jones JDG. Plant pathogens and integrated defence responses to infection[J]. Nature, 2001, 411(6839): 826–833.

[29] Spoel SH, Johnson JS, Dong X. Regulation of tradeoffs between plant defenses against pathogens with different lifestyles[J]. Proceedings of the National Academy of Sciences, 2007, 104(47): 18842–18847.

[30] Bari R, Jones JD. Role of plant hormones in plant defence responses[J]. Plant Molecular Biology, 2009, 69(4): 473–488.

[31] Robert–Seilaniantz A, Grant M, Jones JD. Hormone crosstalk in plant disease and defense: more than just jasmonate–salicylate antagonism[J]. Annual Review of Phytopathology, 2011, 49: 317–343.

[32] Pieterse CMJ, Van der Does D, Zamioudis C, et al. Hormonal modulation of plant immunity[J]. Annual Review of Cell and Developmental Biology, 2012, 28: 489–521.

[33] Arnao MB, Hernandez–Ruiz J. Melatonin: plant growth regulator and/or biostimulator during stress? [J]. Trends in Plant Science, 2014, 19(12): 789–797.

[34] Torres–Vera R, García JM, Pozo MJ, et al. Do strigolactones contribute to plant

defence? [J]. Molecular Plant Pathology, 2014, 15(2): 211–216.

[35] Spoel SH, Dong X. Making sense of hormone crosstalk during plant immune responses[J]. Cell Host & Microbe, 2008, 3: 348–351.

[36] Arlat M, Van GF, Huet JC, et al. Popa1, a protein which induces a hypersensitive–like response on specific Petunia genotypes, is secreted via the Hrp pathway of *Pseudomonas solanacearum*[J]. The Embo Journal, 1994, 13: 543–553.

[37] Wengelnik K. Hrpg, a key Hrp regulatory protein of *Xanthomonas campestris* pv. Vesicatoria is homologous to two–component response regulators[J]. Molecular Plant–Microbe Interactions, 1996, 9(8): 704.

[38] Charkowski AO, Alfano JR, Preston G, et al. The *Pseudomonas syringae* pv. Tomato hrpw protein has domains similar to harpins and pectate lyases and can elicit the plant hypersensitive response and bind to pectate[J]. Journal of Bacteriology, 1998, 180(19): 5211.

[39] Pavli OI, Kelaidi GI, Tampakaki AP, et al. The hrpz gene of *Pseudomonas syringae* pv. Phaseolicola enhances resistance to rhizomania disease in transgenic nicotiana benthamiana and sugar beet[J]. Plos One, 2011, 6(3): e17306.

[40] Choi MS, Kim W, Lee C, et al. Harpins, multifunctional proteins secreted by gram–negative plant–pathogenic bacteria[J]. Molecular Plant–Microbe Interactions, 2013, 26: 1115–1122.

[41] Gain JE, Gollmer A. Type III secretion machines: bacterial devices for protein delivery into host cells[J]. Science, 1999, 284: 1322–1328.

[42] Ji HT, Dong HS. Key steps in type III secretion system (T3SS) towards translocon assembly with potential sensor at plant plasma membrane[J]. Molecular Plant Pathology, 2015, 16(7): 762–773.

[43] Bauer DW, Wei ZM, Beer SV, et al. *Erwinia chrysanthemi* Harpin(Ech): An elicitor of the hypersensitive response that contributes to soft–rot pathogenesis[J]. Molecular Plant–Microbe Interactions, 1995, 8: 484–491.

[44] Gaudriault S, Brisset MN, Barny MA. HrpW of *Erwinia amylovora*, a new Hrp–secreted protein[J]. FEBS Letters, 1998, 428: 224–228.

[45] Dong HS, Delaney TP, Bauer DW, et al. Harpin induces disease resistance in *Arabidopsis* through the systemic acquired resistance

pathway mediated by salicylic acid and the NIM1 gene[J]. The Plant Journal, 1999, 20(2): 207–215.

[46] Cortes VA, Busso D, Maiz A, et al. Physiological and pathological implications of cholesterol[J]. Frontiers in Bioscience, 2014, 19: 416–428.

[47] Haapalainen M, Engelhardt S, Kufner I, et al. Functional mapping of harpin HrpZ of *Pseudomonas syringae* reveals the sites responsible for protein oligomerization[J]. lipid interactions and plant defence induction. Molecular Plant Pathology, 2011, 12: 151–166.

[48] Oh CS, Beer SV. AtHIPM, an ortholog of the apple HrpN–interacting protein, is a negative regulator of plant growth and mediates the growth–enhancing effect of HrpN in *Arabidopsis*[J]. Plant Physiology, 2007,145: 426–436.

[49] You ZZ, Gao R, Tian S, et al. Plant aquaporins: structure meets function as associating with sensing of *Xanthomonas oryzae* Hpa1 and subsequent signal transduction[J]. Acta Phytopathologica Sinica, 2013, 43: 232–248.

[50] Dong HP, Peng J, Bao Z, et al. Downstream divergence of the ethylene signaling pathway for harpin–stimulated arabidopsis growth and insect defense[J]. Plant Physiology, 2004, 136(3): 3628–3638.

[51] Dong HP, Yu H, Bao Z, et al. The ABI2–dependent abscisic acid signalling controls HrpN–induced drought tolerance in *Arabidopsis*[J]. Planta, 2005, 221(3): 313–327.

[52] Belbahri L, Boucher C, Candresse T, et al. A local accumulation of the *Ralstonia solanacearum* PopA protein in transgenic tobacco renders a compatible plant–pathogen interaction incompatible[J]. The Plant Journal, 2001, 28: 419–430.

[53] Miao W, Wang X, Song C, et al. Transcriptome analysis of *Hpa1Xoo* transformed cotton revealed constitutive expression of genes in multiple signaling pathways related to disease resistance[J]. Journal of Experimental Botany, 2010, 61: 4263–4275.

[54] Ma Z, Song T, Zhu L, et al. A *Phytophthora sojae* glycoside hydrolase 12 protein is a major virulence factor during soybean infection and is recognized as a PAMP[J]. Plant Cell, 2015, 27(7): 2057–2072.

[55] Wang Y, Xu Y, Sun Y, et al. Leucine–rich repeat receptor–like gene

screen reveals that *Nicotiana* RXEG1 regulates glycoside hydrolase 12 MAMP detection[J]. Nature Communications, 2018, 9: 594.

[56] Li G, Yang X, Zeng H, et al. Stable isotope labelled mass spectrometry for quantification of the relative abundances for expressed proteins induced by PeaT1[J]. Science China–Life Sciences, 2010, 53: 1410–1417.

[57] Zhang W, Yang X, Qiu D, et al. PeaT1–induced systemic acquired resistance in tobacco follows salicylic acid–dependent pathway[J]. Molecular Biology Reports, 2011, 38: 2549–2556.

[58] Meng F, Xiao Y, Guo L, et al. A drepp protein interacted with PeaT1 from *Alternaria tenuissima* and is involved in elicitor–induced disease resistance in Nicotiana plants[J]. Journal of Plant Research, 2018, 131(5): 827–837.

[59] Dewen Q, Yijie D, Yi Z, et al. Plant immunity inducer development and application[J]. Molecular Plant–Microbe Interactions, 2017, 30(5): 355–360.

第二章

AMEP 蛋白的初次鉴定

有趣的是，AMEP蛋白是以抗菌蛋白的身份被初次鉴定的。作者在进行马铃薯疮痂病的生物防治过程中，分离并鉴定了一株能够显著抑制疮痂链霉菌的枯草芽孢杆菌BU412。在对其进行抗菌活性物质的过程中发现了具有抗菌活性的蛋白组分，经过质谱测序鉴定，发现其为一个功能未被定义的全新蛋白，将其命名为AMEP。本章节将对AMEP蛋白的初次发现进行详细介绍。

第一节　马铃薯疮痂病与芽孢杆菌

一、马铃薯疮痂病

马铃薯是重要的粮食作物，具有高淀粉含量，是淀粉的重要来源。此外，其含有多种维生素和营养成分，在多种食品制作中必不可缺（图2.1）。我国种植马铃薯的区域主要集中在中东部地区，以黑龙江、内蒙古、甘肃、陕西、四川、云南、贵州等地为主。近年来，随着马铃薯主粮化战略的实施，马铃薯成为了我国的主要粮食作物。黑龙江省一直是马铃薯的种植大省，其种植面积近年来一直稳步增加。但是，近年来我省各地的马铃薯疮痂病发生日趋严重，对马铃薯品质产生直接影响，经济损失严重[1]。马铃薯疮痂病的发病特征主要包括（图2.2）：首先块茎表面会出现褐色的点状斑块，之后会不断扩大形成病斑。按照块茎表面的病斑形态分类，马铃薯疮痂病病斑包括凹状、平状、和凸状病斑。而按照病斑颜色分类，马铃薯疮痂病病斑包括褐色和黑色[2]。马铃薯疮痂病发病的严重程度受到多种因素的影响,包括马铃薯品种、种植地块的轮作情况、种植年份的雨水和地温等,导致马铃薯疮痂病的病斑的严重程度不尽相同。在严重的年份和地块,马铃薯块茎表面的病斑可形成连片,极大地影响了马铃薯的外观品质和经济价值[3]。

图 2.1　马铃薯种植地块

Figure 2.1　The potato field

图 2.2　马铃薯疮痂病的病害特征

Figure 2.2　The symptom of potato scab

马铃薯疮痂病的致病病原菌为疮痂链霉菌(*Steptomyces* spp.)。疮痂链霉菌的种属分类多样,目前已报道了如*S. scabies*[4]、*S. acidiscabies*[5]、*S. turgidiscabies*[6]等疮痂链霉菌。随着分子鉴定技术的发展,近年来研究者不断在报道新的疮痂链霉菌品种[7]。不同地区的疮痂链霉菌存在明显的差异性,其形态生理和遗传特征存在较大不同[8-9]。传统的疮痂链霉菌的鉴定方法是依赖伯杰士鉴定手册中的方法，对菌株的培养、形态学及生理生化特征进行分类。近年来，随着分子鉴定技术的发展，由于疮痂链霉菌的基因属于原核，使用16S rDNA的PCR扩增和分子相似性比对的方法对疮痂链霉菌进行分类和鉴定逐渐成熟，在实际应用中也取得了较好的效果，现已成为疮痂链霉菌菌种鉴定的首选方法。

我国对马铃薯疮痂病的研究开展相对较晚，目前对该病害的防治方法主要集中在以下几种[10]。

（1）选育抗病品种。传统的作物栽培和育种手段是人们应对马铃薯疮痂病的首选途径，其方法就是筛选、培育对马铃薯疮痂病具有优良抗性的的马铃薯品种[11]。但是，此类方法随着病原菌的进化，需要经常更新抗病品种。

（2）耕作方式防治。研究发现，随着土壤pH降低，病害严重程度也在降低，在pH 5.0以下的土壤中不会发生马铃薯疮痂病。因此，选择偏酸性土壤进行马铃薯种植可以降低马铃薯疮痂病的发生[12]。此外，在马铃薯疮痂病发生的种植地块上进行轮作，也可以有效减少马铃薯疮痂病的发生。此外，在马铃薯茎块开始膨大的生长时期进行灌溉，也能大幅度降低马铃薯疮痂病的发生。

（3）化学防治。在以往的种植过程中，使用化学药剂对种薯进行浸种消毒，如0.1%对苯二酚、0.2%甲醛、0.1%对苯酚、0.2%福尔马林、0.1%的五氯硝基苯等，也可以在短期内防治马铃薯疮痂病的发生[13]。值得注意的是，大量化学药剂的施用会破坏土壤中的微生物菌群平衡，导致疮痂链霉菌失控，引发更为严重的疮痂病。

（4）生物防治。生物防治菌株施用到土壤中，可以有效改善土壤的微生物生态，降低疮痂链霉菌的有效浓度，减少疮痂病的发生。我国研究人员采用能够拮抗链霉菌的生防菌株对马铃薯疮痂病进行生物防治，取得了较好的实验效果[14-17]。

二、芽孢杆菌简介

近些年来，我国植物病虫害的发生，影响了水稻、大豆、玉米等农作物产量。为了让这种趋势有所改善，更好地提高农作物的产量，人们大量使用化肥农药等化学试剂来防止植物病虫害的发生。然而这种化学药剂的大量使用，虽然可以在一定程度上控制植物病虫害的发展，提高农作物的产量,但与此同时也产生了许多副作用。例如,土壤遭到破坏、水源收到污染、空气质量变差以及生态环境被强制改变等,长此以往还会使一些病原菌产生抗药性,降低了杀虫效果。所以,针对以上难题,我国已经开始对生物防治方面重视起来。生防制剂的使用不仅代替了化学肥料的作用,还大大降低了植物的病虫害,而且还可以降低对环境的污染。

生防细菌能成为重要的生防资源是因为它繁殖速度快、易培养且能够在植株体内定殖转移等。研究表明,生防细菌主要来自于芽孢杆菌属、假单胞菌属、土壤杆菌属、沙雷氏菌属等,其中研究最多的是芽孢杆菌属和假单胞菌属的生防细菌,应用较多的有芽孢杆菌属、土壤杆菌属。生防细菌的分离可来源于土壤、海洋、植物病害组织等,其中,目前最主要的资源是植物根际促生菌。植物病害生防中研究和应用较多的一类生防细菌便是芽孢杆菌,其生防机制主要包括营养和空间位点竞争、产生多种抑菌物质(如脂肽类抗生素、降解胞壁酶类、细菌素、抗菌蛋白、多肽类化合物等)、溶菌作用、促进植物生长和诱导植物抗病性等方面。

芽孢杆菌分布广泛,属于一类特性多样化的非厌氧型革兰氏阳性菌。芽孢杆菌能够产生大量抗菌物质,对病原菌产生广谱性的拮抗作用。芽孢杆菌能够产生芽孢,能够对逆境条件产生耐受和抵抗,提高了其田间的应用范围。这为其在生物防治中普遍应用提供了重要的机会。此外,芽孢杆菌菌剂稳定性强,易储存易施用,广泛应用在植物病害的生物防治中。

芽孢杆菌能够产生对热、紫外线、电磁辐射和某些化学药品有很强抗性的芽孢,可以耐受各种不良的环境条件,如可以在温度高达80 ℃甚至以上的地方生长,也可以在为一的地方生存,许多极其恶劣的环境中也能发现它们的踪迹。其菌体富含蛋白酶、淀粉酶、脂酶等酶类以及其他丰富的代谢产物,部分菌株还可以分解土壤中的不溶性磷酸盐,与其他微生物一起在土壤中起着重要作用菌体还可以产生杆菌肽、大环脂、环脂、类噬菌体颗粒等十几种抗菌物质。田间应用已证实,其生防菌剂在稳定性、与化学农药的相容性和在不同植物不同年份防效的一致性等方面明显优于非芽孢杆菌和真菌生防菌剂。此外,芽孢杆菌可以做成粉剂。粉剂容易储存,便于运输,大规模生产工艺简单,成本较低。因此,芽孢杆菌是目前一种较为理想的生防微生物。多年来国内外学者对它能够成为为一种生防因子而寄予了极大的兴趣和关注，在植物病害生物防治中被广泛应用。

除了能对植物病原菌产生抑制作用外，芽孢杆菌还能对一些病虫产生抑制作用。其中，比较有代表性的是苏云金芽孢杆菌。日本的研究人员首先发现苏云金芽孢杆菌能够抑制桑蚕的生长，这一发现激发了研究人员利用芽孢杆菌防治植物病虫害的兴趣。随后有研究者发现了苏云金芽孢杆菌的生防作用机制为产生伴孢晶体蛋白（BT蛋白）。这种晶体蛋白正常状态下无毒性，但经昆虫吞食后在肠道可被丝氨酸蛋白酶降解为具有毒性的激活肽，实现对昆虫的杀伤效果。此后，BT蛋白被开发为经典的杀虫剂，被应用在多种病虫害的防治中。目前，许多国家和地区，以芽孢杆菌为主要有效成分的生物制剂得到了广泛使用[18-21]。

目前我国已在芽孢杆菌抗菌物质的分离纯化、抗菌作用的分子机制及拮抗基因的克隆、表达调控等研究领域积累了丰富经验。但与国际水平相比，在对芽孢杆菌基因组和蛋白质组学方面的研究还有待进一步深入，产业开发也有待进一步加强。随着现代生物技术的应用、基因组学和蛋白组学的发展以及先进仪器设备的使用，芽孢杆菌对植物病害的生防作用研究及其开发应用也将不断涌现出新的技术和产品。

近些年，随着人们对芽孢杆菌抗菌物质的深入研究，不断发现了多种类型的抗菌物质。研究表明，芽孢杆菌能够分泌大量的抗菌蛋白，分为非核糖体途径合成和核糖体途径合成。

（1）非核糖体途径合成的抗菌蛋白的分子量较小，一般成为抗生素类抗菌肽，主要有表面活性素（Surfactin）[22]、伊枯草菌素（Iturins）[23]和丰原素（Fengycins）[24]。

（2）核糖体途径合成的抗菌蛋白分子量相对较大，主要有mersacidin[25]、ericin[26]和subtilin[27]。此外，近些年一些新的抗菌蛋白也陆续被发现，包括鞭毛蛋白（Flagellin）[28]、β-1,3-1,4-葡聚糖酶（β-1,3-1,4-glucanase）[29]、X98[30]和EP-2[31]等。然而，由于芽孢杆菌抗菌蛋白种类众多，可能仍然还有很多潜在的抗菌蛋白需要进一步发掘和证实。大量研究表明，芽孢杆菌能够分泌多种抗菌物质，如抗菌蛋白、化合物、抗菌肽等。鉴于芽孢杆菌种类众多，仍有部分抗菌蛋白未被发现，值得进一步发掘和深入研究。

本研究前期在对马铃薯疮痂病的生防菌株进行分离过程中得到2株对疮痂链霉菌抑制效果显著的生防菌BU396和BU412。基于16S rDNA的分子鉴定确定其为贝莱斯芽孢杆菌和枯草芽孢杆菌。为进一步对其分泌的抗菌蛋白进行研究,本研究以枯草芽孢杆菌BU412为研究材料,以疮痂链霉菌为指示菌株,通过AKTA蛋白纯化仪使用离子交换、分子筛等一系列的纯化方法对目的蛋白进行分离纯化,并通过质谱测序鉴定氨基酸序列,确定蛋白质分子身份。随后预测及合成抗菌肽研究抗菌蛋白的功能区域,并对抗菌蛋白的稳定性进行了检测。本部分研究旨在寻找新型抗菌蛋白,鉴定其氨基酸序列,为生物防治研究提供理论依据。

第二节 AMEP 蛋白的分离鉴定

一、材料与方法

(一)菌株和试剂

生防菌株:枯草芽孢杆菌BU412为本实验室前期筛选得到,现已经在中国典型培养物保藏中心进行保藏,保藏编号:(CCTCC NO : M2016142)。

指示菌株:疮痂链霉菌(*S. scabiei*)为本实验室分离和保存。

Q Sepharose填料购自SIGMA公司,0.22 μm一次性无菌微孔滤膜为Millipore品牌。

蛋白质分子量标准购自碧云天生物有限公司,其他常用试剂为国产分析纯。

YME培养基[43]:麦芽糖10 g/L、酵母浸粉4 g/L、葡萄糖4 g/L、pH 7.2,用于生防菌株和指示菌株的培养。

高盐缓冲液:20 mM Tris–HCl,1 M NaCl,pH 7.5。

低盐缓冲液:20 mM Tris–HCl,20 mM NaCl,pH 7.5。

(二)抗菌蛋白的分离纯化

使用YME液体培养基对活化后的枯草芽孢杆菌BU412进行培养,培养时间为20 h,培养温度为30 ℃。菌液经11 000 × g低温离心,时间为15 min,上清经0.22 μm滤膜除菌,用于后续的离子交换层析。同时取样进行抗菌活性测试，以疮痂链霉菌为指示菌株，使用牛津杯法对培养液上清进行抗菌活性的检测。

（1）离子交换层析。将离心过滤后的抗菌粗提物进行进一步纯化，使用AKTA蛋白纯化仪进行阴离子交换层析，纯化柱为HiTrap Q HP column (5 mL)。上样时使用低盐溶液（20 mm的NaCl），洗脱时将1 M的NaCl以0%~100%的线性梯度洗脱，流速为1 mL/min。根据光吸收值收集目的蛋白，分批次进行抑菌活性检测。对于有活性的蛋白样品，进行SDS-PAGE检测目的条带。

（2）分子筛层析。根据离子交换层析的分离结果，将活性样品进行超滤浓缩，随后进行分子筛纯化。分子筛层析使用纯化柱为SuperdexTM 75 10/300 GL。使用20 mM Tris-HCl缓冲液进行平衡，上样后进行洗脱，根据吸收峰收集样品。检测样品的抗菌活性，具有活性的样品通过SDS-PAGE检测蛋白条带。

AKTA蛋白纯化仪操作流程：

阴离子交换柱：打开AKTA蛋白纯化仪机器及连接的电脑，设置仪器报警压力（10 Mpa）。清洗管道：首先将A泵、B泵放入过滤后的去离子水中，设置流速为5 mL/min，直到曲线平稳，将A泵的进液管道放入低盐缓冲液中，将B泵的进液管道放入高盐缓冲液中，打开紫外，在system control 界面中选择manual中选择流速，设置流速为2 mL/min。安装上样柱及阴离子交换柱：在manual里选择pump，设定流速2 mL/min，将上样柱及阴离子交换柱安装好，排除管道内的气泡。上样：打开紫外，设置流速2 mL/min。洗脱：上样后用缓冲液尽量将穿透峰洗回基线，设target（100%）B和length（10 min），准备好收集管进行收集。清洗仪器：首先将A泵的进液管道放入低盐缓冲液中，将B泵的进液管道放入高盐缓冲液中，在system control 界面中选择manual中的流速，设置流速为1 mL/min，清洗至溶液峰图不在变化，卸下柱子。

分子筛：打开AKTA蛋白纯化仪机器及连接的电脑，设置仪器报警压力（10 Mpa）。清洗管道：首先将A泵、B泵放入过滤后的去离子水中，设置流速为0.8 mL/min，直到曲线平稳，将A泵的进液管道放入低盐缓冲液中，将B泵的进液管道放入高盐缓冲液中，打开紫外，在system control 界面中选择manual中选择流速，设置流速为0.8 mL/min。安装脱盐柱：在manual里选择设定流速，注意管道内不要有气泡，每次上样0.5 mL，0.5 mL上样环进行上样。在进行洗脱时，要一直保持低盐冲洗，待出现蛋白峰时，及时接收。

SDS-PAGE电泳流程如下：

（1）配制凝胶：取干净的玻璃板，将玻璃板装好，仔细检查，防止漏胶。

a. 配下层胶，拿出一个干净的50 mL烧杯依次加入30%丙烯酰胺12 mL、蒸馏水2.6 mL、1.5 M Tris-HCL（pH 8.8）5 mL、10% SDS 200 μL、10%过硫酸铵200 μL、TEMED 8 μL，然后轻轻摇晃混匀。用移液枪吸取配好的下层胶沿玻璃板边缘缓慢注入，不要过快，避免产生气泡，加至约2/3处。

b. 用移液枪吸取蒸馏水缓慢注入直至加满，轻轻晃动胶板使下层胶表面平滑。待下层胶凝固后，倒掉蒸馏水。

c. 配上层胶，在干净的50 mL烧杯中分别加入30%丙烯酰胺830 μL、蒸馏水3.4 mL、1.0 M Tris-HCL（pH 6.8）630 μL、10% SDS 50 μL、10%过硫酸铵50 μL、TEMED 5 μL，轻轻晃动使之混匀。用移液枪吸取上层胶沿玻璃板边缘缓慢注入直至加满。

d. 将梳子轻轻垂直插入胶内，在室温下让胶自然凝固。胶体完全凝固后将梳子拔出，将胶板装入电泳槽中，向电泳槽中缓慢倒入电泳缓冲液，仔细检查防止漏液。

（2）点样：点样前将样品在12 000 rpm的转速下离心2 min，离心后用10 μL移液枪点样。第一个点样孔是marker，吸取10 μL marker注入点样孔中，之后每个孔依次加入20 μL样品，将蛋白样品按照顺序加入小孔中。

（3）电泳：接好电泳槽正负极，打开电源。先将电压调至60 V，待样品在胶板中形成一条直线时（约30 min），再调电压至120 V，直至样品在凝胶中到达靠近凝胶板底部的位置（约60 min）时停止电泳，关闭电源。将胶板小心取出，将凝胶从胶板上分离下来，将凝胶轻轻放入干净的盒子内。

（4）考马斯亮蓝染色：向装凝胶的盒子中倒入考马斯亮蓝染色液（注意不要直接冲击凝胶，防止破裂），直至液面没过凝胶表面，计时30 s，放入微波炉中加热，取出后放入摇床染色15 min。注意：摇床转速不宜太快，避免凝胶破碎。15 min后，将考马斯亮蓝染色液倒入原染色液瓶中，然后用自来水冲洗凝胶上残留的染色液，直至洗不出颜色为止，注意冲洗力度不宜过大，避免胶板破碎。

（5）凝胶脱色：向装有凝胶的盒子中倒入10%冰醋酸，计时1 min，放入微波炉中加热，取出后放入摇床中脱色过夜。最后倒掉冰醋酸，用自来水冲洗两遍。

（6）用凝胶成像仪拍照，命名保存。

（三）抗菌蛋白的质谱测序与生物信息学分析

将SDS-PAGE得到的单一蛋白条带进行切胶，样品送至上海中科新生命生物科技有限公司进行Maldi-TOF质谱测序，根据质谱测序结果对目标蛋白进行Mascot分析，并利用NCBI数据库进行氨基酸序列的同源性分析，从而确定目标蛋白的全长序列，并确认该蛋白否为已知抗菌蛋白。

质谱测序方法如下：

（1）供试品酶解及Ziptip脱盐：

a.供试品凝胶状态下将测序级Trypsin溶液加入供试品管中，37 ℃反应过夜，20小时左右；吸出酶液，转移至新EP管中，原管加入100 μL 60% ACN /0.1% TFA，超声15 min，合并酶解液冻干；若有较多盐分，则用Ziptip进行脱盐。

b.供试品液体状态下取适量样品进行酶解，若有较多盐分，则用Ziptip进行脱盐。

c.如供试品已酶解，遇较多盐分时，则用Ziptip进行脱盐。

（2）质谱分析：取1 μL溶解样品，直接点于样品靶上，让溶剂自然干燥后，再取0.6 μL过饱和CHCA基质溶液(溶剂为50% ACN 0.1% TFA)点至对应靶位上并自然干燥。样品靶经氮气吹净后放入仪器进靶槽并用串联飞行时间质谱仪（5800 MALDI-TOF/TOF，AB SCIEX）进行测试分析，激光源为349 nm波长的Nd: YAG激光器，加速电压为2 kV，采用正离子模式和自动获取数据的模式采集数据，一级质谱（MS）扫描范围为800~4 000 Da，选择信噪比大于50的母离子进行二级质谱（MS/S）分析，每个样品点上选择10个母离子，二级质谱（MS/MS）累计叠加2500次，碰撞能量2 kV，CID关闭。

（3）数据库检索：质谱测试原始文件用Mascot 2.2软件检索相应的数据库，最后得到鉴定的蛋白质结果。

搜库参数如表2.1所示。

表 2.1　数据库检索参数表

Table 2.1　The paramerers of databank search

数据库	uniprot_Bacillus_subtilis、uniprot_Bacillus
搜索类型	Combined(MS+ MS/MS)
酶	Trypsin
固定修饰	Carbamidomethyl (C)
动态修饰	Oxidation (M)
质量值	Monoisotopic
蛋白质量	Unrestricted
肽质量误差	± 100 ppm
片段质量误差	± 0.4 Da
肽带电状态	1+
最大不完全酶解位点	1

二、结果与分析

（一）抗菌蛋白的分离纯化

采用YME液体培养基对枯草芽孢杆菌BU412进行培养，冷冻离心，得到培养液上清，过滤后进行抗菌试验，以疮痂链霉菌为指示菌株，采用牛津杯法，检测其抗菌活性，随后采用离子交换层析对上清液进行抗菌物质的分离纯化，采用NaCl浓度进行线性梯度洗脱，收集到了P1、P2、P3和P4四个蛋白吸收峰的样品，对其进行抗菌检测，结果表明，P3样品具有抗菌活性（图2.1）。

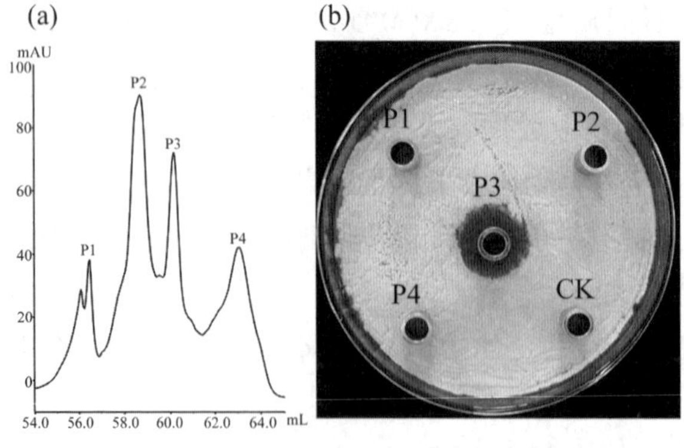

图 2.1　抗菌物的离子交换层析与抗菌活性测试

Figure 2.1　The ion exchange filtration and antimicrobial activity test

将具有抗菌活性的离子交换样品P3进行超滤浓缩后,采用分子筛层析进行进一步纯化,随着缓冲液的洗脱收集到洗脱峰F1,将F1样品进行抗菌活性测试,发现其具有抗菌效果(图2.2)。随后的SDS-PAGE检测,发现F1样品在8 kDa附近有一明显蛋白条带B1。初步确定该条带即为目的抗菌蛋白。

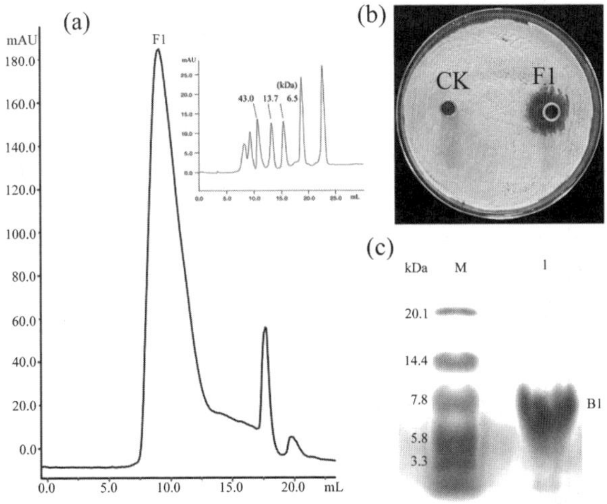

图 2.2　抗菌物的分子筛层析、活性测试与 SDS-PAGE 检测

Figure 2.2　The superdex filtration, activity test and SDS-PAGE

(二)抗菌蛋白的质谱鉴定

MALDI-TOF/TOF蛋白质鉴定的基本原理是蛋白质经过胰蛋白酶消化后,形成肽段混合物,在质谱仪中肽段电离形成带电离子,质谱分析器的电场、磁场将具有特定质量与电荷比值(M/Z)的肽段离子分离开来,经过检测器收集分离的离子,确定每个离子的M/Z值。因此,经过质量分析器可分析出每个肽段的M/Z,并输出蛋白质的一级质谱峰图。离子选择装置自动选取强度较大肽段离子进行二级质谱分析,输出选取肽段的二级质谱峰图, MasCot软件将实测数据和理论上蛋白质经过胰蛋白酶消化后产生的一级质谱峰图和二级质谱峰图进行比对而鉴定蛋白质。

上文通过分离纯化和抑菌活性检测,得到了一条单一的蛋白条带B1。为了鉴定目的蛋白的序列,将条带B1进行切胶,并送出进行Maldi-TOF质谱测序。质谱测序峰如图2.3所示。经过Mascot搜索结果表明,序列蛋白的肽质量指纹图谱(PMF)与功能未知蛋白(WP_017418614.1)具有最好的相似性(图2.4)。鉴定成功标准: Protein score C.I.% 大于

95。蛋白质得分则因蛋白质长度和序列不同有一些区别，大约在50~55分以上。

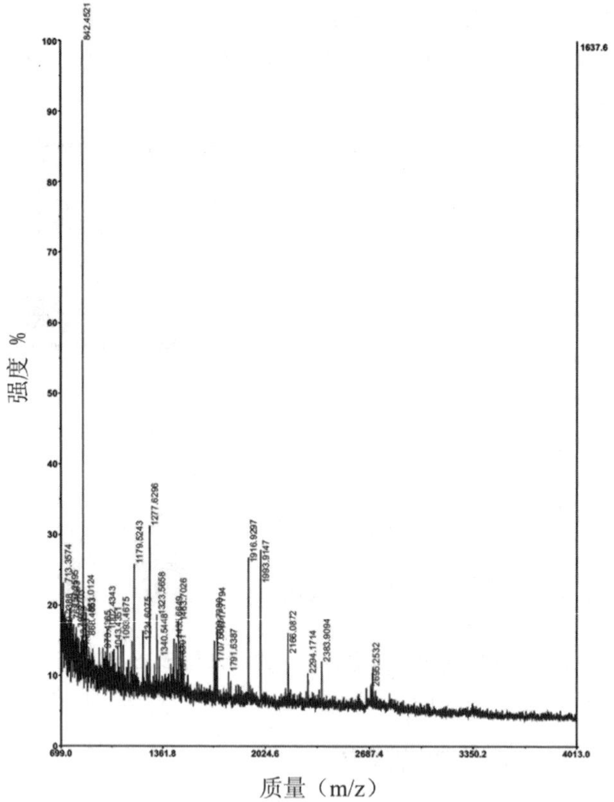

图 2.3　目的蛋白条带 B1 的质谱测序谱图

Figure 2.3　The MS map and of target band B1

Gel Idx/Pos	85/D10	Instr./Gel Origin	BA2151/Sample Project 20170921	Process Status	Analysis Succeeded
Plate [#] Name	[1] Sample Project 20170921	Instrument Sample Name		Spectra	11

Rank	Protein Name	Species	Accession No.	Protein MW	Protein PI	Pep. Count	Protein Score	Protein Score C. I. %	Total Ion Score	Total Ion C. I. %
1	Uncharacterized protein OS=Bacillus velezensis GN=BCBMB205_37850 PE=4 SV=1		tr|A0A172XP62|A0A172XP62_9BACI	8355.7	10.05	5	105	99.981	82	99.993

Peptide Information

Calc. Mass	Obsrv. Mass	± da	± ppm	Start Seq.	End Seq.	Sequence	Ion Score	C. I. %	Modification	Rank	Result Type
805.3726	805.3842	0.0116	14	38	44	YSYTSGK					Mascot
821.459	821.4337	-0.0253	-31	1	7	MFGPILK			Oxidation (M)[1]		Mascot
848.524	848.5287	0.0047	6	46	52	ILAYIQK					Mascot
920.524	920.5217	-0.0023	-2	57	63	IVDWFLK					Mascot
920.524	920.5217	-0.0023	-2	57	63	IVDWFLK	45	64.842			Mascot
1043.5408	1043.5361	-0.0047	-5	64	72	GYSVYDVIK					Mascot
1043.5408	1043.5361	-0.0047	-5	64	72	GYSVYDVIK	38	0			Mascot

图 2.4　目的蛋白条带 B1 的 Mascot 搜索结果

Figure 2.4　The Mascot search result of target band B1

该蛋白的氨基酸序列如图2.5所示，粗体和斜体字母表示与测序蛋白匹配的氨基酸。共有5个氨基酸片段匹配,其中37个氨基酸残基,序列覆盖率为49%。经蛋白质二级结构预测软件JPred4[32]在线预测,AMEP蛋白主要由α-螺旋组成,包含的氨基酸如图2.5所示。上述结果使我们得出结论,当前研究中发现的抗菌蛋白是一种新的抗菌蛋白质,命名为AMEP蛋白。

根据BLAST比对结果,AMEP蛋白是一种未被鉴定功能的未知蛋白。据报道,该蛋白广泛分布于芽孢杆菌属中,包括B. velezensis、B. amyloliquefaciens、B. vallismortis、B. subtilis、B. vietnamensis和B. aquimaris。然而,根据我们实验室前期的研究发现,在芽孢杆菌菌株之间,AMEP蛋白的表达水平有明显的差异。值得注意的是,枯草芽孢杆菌BU412具有较高的表达水平,非常有利于新蛋白的纯化和鉴定,这也是为什么我们能够从BU412培养上清中分离得到该蛋白的原因。

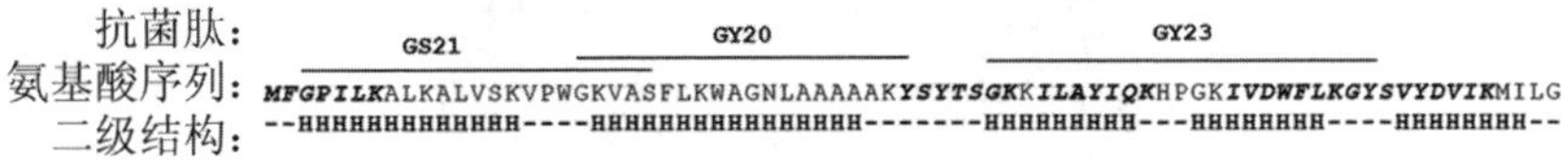

图2.5 目的蛋白的氨基酸序列及二级结构信息以及抗菌肽预测结果

Figure 2.5 The amino acid sequence and secondary structure of AMEP

根据Protparam的在线分析结果,AMEP蛋白含有76个氨基酸残基,相对分子质量为8.36 kDa。理论上它的pI值为10.05,这意味着中性酸碱度下的净电荷为正。此外,它的脂肪族指数为107.89,这意味着它具有很高的疏水性。然而,根据分子筛层析的结果(图2.2),AMEP蛋白的洗脱体积对应的分子量大于43 kDa,这是其实际分子量的几倍。这些信息表明,AMEP蛋白应该是形成了聚合物。聚合状态可以在空间上遮盖蛋白质的部分电荷以及疏水区,从而改变蛋白质单体的初始净电荷和疏水性[33],这解释了AMEP蛋白存在上清液中,并且可以通过阴离子交换柱进行分离的原因。

(三)抗菌蛋白的功能区分析

为了分析AMEP蛋白中的抗菌肽分布,将其氨基酸序列提交到CAMPR3数据库上进行抗菌肽的在线预测,发现多个可能的抗菌肽区域,从中选择3条评分值高的抗菌肽在APD数据库进行在线分析。结果表明,3条肽链均具有疏水和亲水区域,且具有多个疏水性氨基酸。根据3条多肽链上氨基酸的个数,分别编号为GS21、GY20和GY23(表2.2)。经过公司合成多肽后,采用牛津杯法测试各抗菌肽的抗菌活性,发现3条抗菌肽均具有抗菌活性（图2.6），其中GS21和GY20效果较强，说明AMEP蛋白的抗菌功能区遍布蛋白全长，以前半部分活性最强。

表 2.2 AMEP 蛋白中抗菌肽序列的预测

Table 2.2 The prediction of AMPs from AMEP

名称	氨基酸序列	位置	二级结构	输水氨基酸	净电荷
GS21	GPILKALKALVSKVPWGKVAS	3–23	α-螺旋	7	+4
GY20	GKVASFLKWAGNLAAAAAKY	19–38	α-螺旋	9	+3
GY23	GKKILAYIQKHPGKIVDWFLKGY	43–65	α-螺旋	7	+4

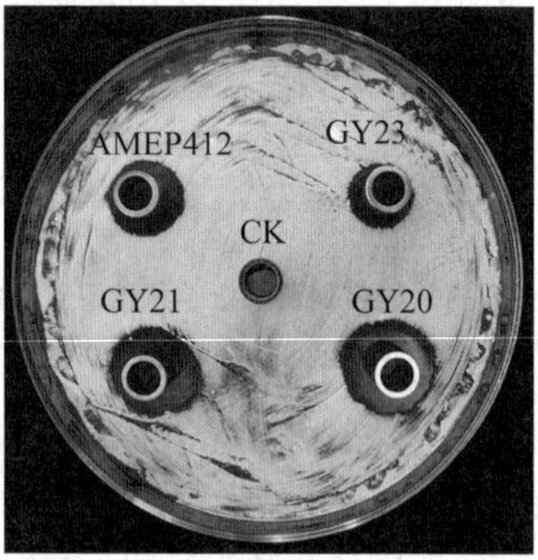

图 2.6 AMEP 蛋白中 3 个抗菌肽的抗菌效果

Figure 2.6 The antimicrobial effect of 3 AMPs from AMEP

从新的抗菌蛋白中预测并证实了三种具有良好抗菌活性的AMPs（GS21、GY20和GY23）。这些AMPs均具有净正电荷，并且在α-螺旋的同一表面上具有疏水氨基酸，这是其抗菌活性的重要基础。带正电的AMPs通过与细菌膜酸性磷脂的静电作用附着在细菌膜上。此外，抗菌肽的疏水表面可与细菌膜两性磷脂相互作用，进而导致孔的形成[34–37]。这一结果证实了AMEP蛋白至少由3个抗菌肽组成，这些抗菌肽不仅是全长蛋白抗菌功能的基础，而且在蛋白部分降解时也可以单独发挥作用。

（四）抗菌蛋白的稳定性分析

稳定性试验表明（图2.7），在高达60 ℃的温度下，或在5~10的pH值范围内，或分别与5 m MK^+、Mg^{2+}、Ca^{2+}、Fe^{2+}、Na^+孵育处理2 h，蛋白质AMEP蛋白具有稳定的抗菌活性。但蛋白酶K可部分抑制其活性，吐温80可完全消除其活性。酶能在一定的肽序列位点识别和裂解，破坏AMEP蛋白的抗菌功能区，导致其抗菌活性下降。然而，消化后的片段仍保留了部分抗菌片段，因此仍然具有一定的抗菌活性。

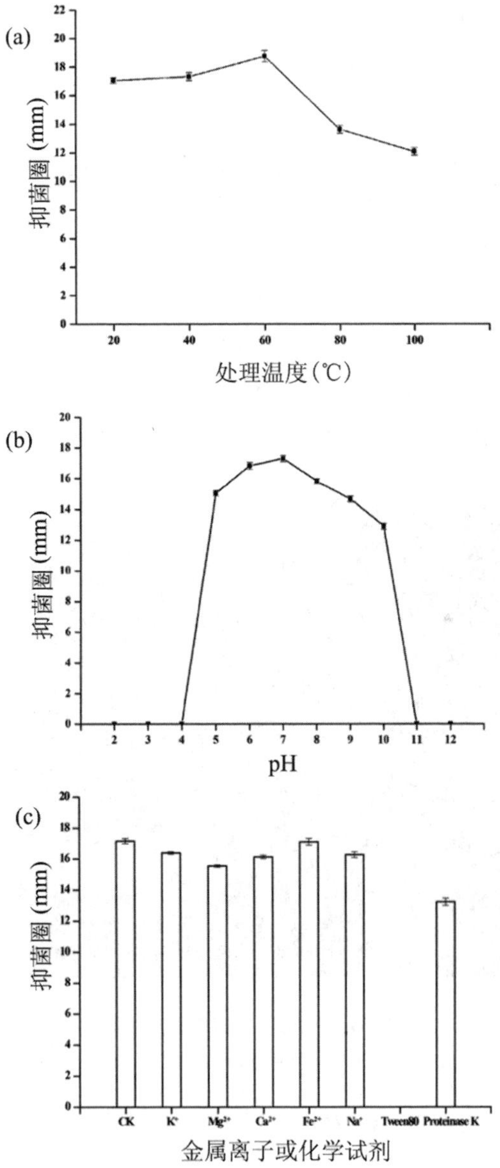

图 2.7 AMEP 蛋白的稳定性分析

Figure 2.7 The stability test of AMEP

吐温80作为一种表面活性剂，能与疏水性氨基酸结合，隐藏疏水面[38]，消除了AMEP蛋白与细菌细胞膜的疏水作用，导致抗菌活性完全丧失。从稳定性试验结果可以看出，在大多数应用环境中，AMEP蛋白是一种相对稳定的抗菌蛋白，有利于其在马铃薯疮痂病生物防治中的应用。

（五）抗菌蛋白的定位分析

利用化学物质FITC对抗菌蛋白AMEP蛋白进行标记，得到FITC-AMEP蛋白复合物，随后将其与病原疮痂链霉菌的气生菌丝和孢子进行混合培养，对AMEP蛋白与链霉菌的相互作用进行初步的研究。结果显示，绿色荧光主要出现在气生菌丝体表面（图2.8a），这表明AMEP蛋白能够与病原菌的气生菌丝进行结合，此外，链霉菌的孢子也被绿色荧光染色（图2.8b），表明AMEP蛋白也可以与其孢子发生相互作用，此结果为抗菌蛋白AMEP蛋白与疮痂链霉菌气生菌丝和孢子的相互作用提供了有力的依据，这也是AMEP蛋白能够抑制链霉菌气生菌丝的发育、孢子产生和孢子萌发的重要前提条件。

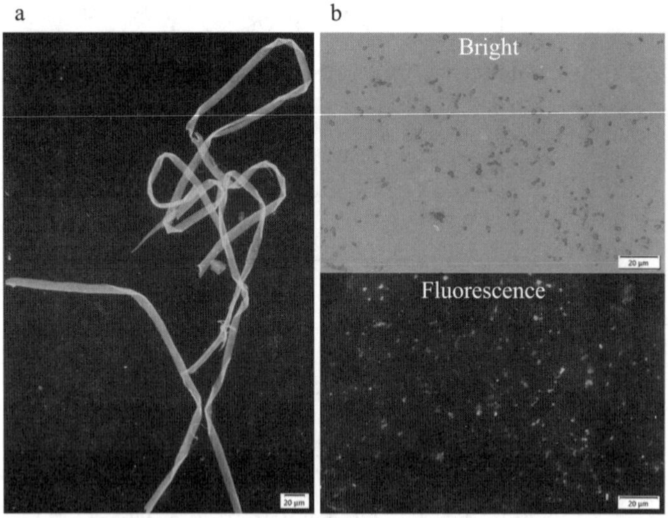

图 2.8 AMEP 蛋白的荧光定位

Figure 2.8 The fluorescence localization of AMEP

（六）抗菌蛋白在 BU396 和 BU412 中的表达

通过NCBI数据库中BLAST比对功能进行搜索，发现AMEP蛋白在多种芽孢杆菌的基因组中存在。为了检验AMEP蛋白在各菌株中的表达，也为了找到表达量更高的菌株，我们对实验室保藏的多种芽孢杆菌的AMEP基因和蛋白表达水平进行了分析。通过分析AMEP蛋白的编码基因，设计了通用性引物（正向引物F：CGCGGATCCTTGTTCGGACCAATTTTA；反向引物R：CCGCTCGAGTTAGCCAAGAATCATTTT）进行PCR菌液扩增，检验各菌株中是否含有AMEP蛋白基因。PCR扩增采用50 μL反应体系，包括：1 μL 细菌菌液，上下游引物各0.5 μL，1.2 μL 10 μmol/L dNTPs，4 μL 50 mmol/L $MgCl_2$，5 μL 10 × PCR buffer，0.3 μL DNA 聚合酶。PCR反应的扩增程序为：95 ℃预变性3 min；95 ℃变性30 s，55 ℃退火30 s，72 ℃延伸30 s，40个循环，4 ℃。接着通过菌株液体培养，蛋白表达和纯化，检测AMEP蛋白的表达量，具体方法参见上文AMEP蛋白的分离纯化步骤。

通过PCR扩增发现，在本实验室保藏的多种芽孢杆菌中，共有4种芽孢杆菌具有AMEP蛋白基因，分别为BU108、BU224、BU396和BU412（图2.9）。接下来，将这四种菌株进行摇瓶发酵培养，使用YME液体培养基，培养温度为28 ℃，转速160 rpm，培养时间为24 h。AMEP蛋白的分离纯化参照上文方法，使用离子交换层析和分子筛层析，蛋白浓度检测使用NanoDrop进行快速测定。AMEP蛋白在各菌株的培养液中的含量经换算，结果如表2.3所示。由此可见，BU396菌株中的AMEP蛋白表达量最高，在今后的表达产量优化试验和田间试验，将采用BU396菌株作为表达菌株。

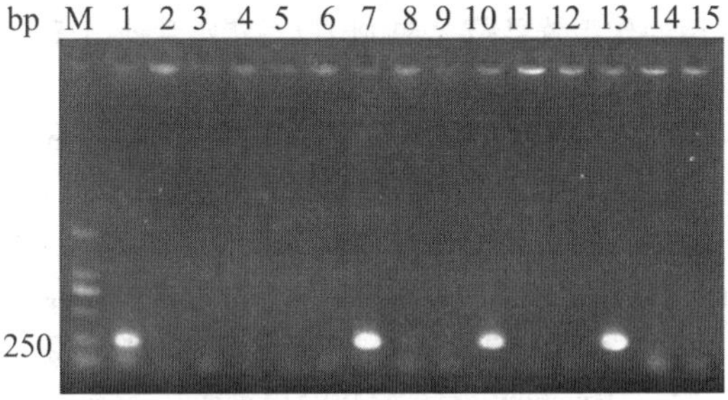

图 2.9 多种芽孢杆菌菌株中 AMEP 蛋白基因的 PCR 扩增
Figure 2.9 ThePCR detection of AMEP codedgene in Bacillus strains

表 2.3 AMEP 蛋白在各菌株中的表达量
Table 2.3 The yield of AMEP 蛋白 in different strains

菌株	表达量（mg/mL）
BU108	0.127 c
BU224	0.263 b
BU396	0.342 a
BU412	0.288 b

（七）抗菌蛋白的抗菌谱分析

以禾谷镰刀菌等七种病原菌为指示菌株，采用牛津杯法对抗菌蛋白AMEP412进行抗菌谱检测（图2.10），结果显示AMEP412对七种病原菌均具有拮抗作用（未标注疮痂链霉菌），其中对疮痂链霉菌的抑制作用最好（*P*<0.05），抑菌直径达到46.50 mm（表2.4）。抗菌谱试验结果表明抗菌蛋白AMEP412具有较为广谱的抗菌活性，且在生防领域具有良好的应用前景。

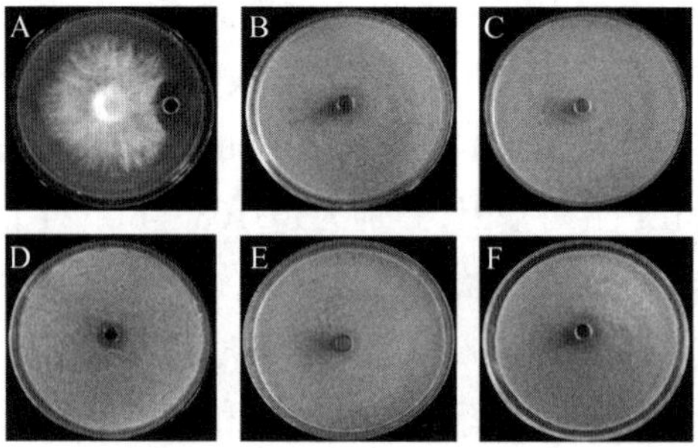

图 2.10　AMEP412 的抗菌谱分析

Figure 2.10　The antimicrobial spectrum analysis of AMEP412

注：A：AMEP412对禾谷镰刀菌的作用效果；B：AMEP412对大肠杆菌K39的作用效果；C：AMEP412对丁香假单胞菌致病变种DC3000的作用效果；D：AMEP412对金黄色葡萄球菌的作用效果；E：AMEP412对猪霍乱沙门氏菌的作用效果；F：AMEP412对大肠杆菌K88的作用效果。

Note: A: The action effect of AMEP412 against F. graminearum Schw; B: The action effect of AMEP412 against E. coli K39; C: The action effect of AMEP412 againstPst DC3000; D: The action effect of AMEP412 against S. aureus; E: The action effect of AMEP412 against S. choleraesuis; F: The action effect of AMEP412 against E. coli K88.

表 2.4　AMEP412 对七种病原菌的抑制作用

Table 2.4　The inhibition of AMEP412 against seven pathogens

病原菌		抑菌直径（mm）
植物病原菌	疮痂链霉菌	46.50 ± 0.23 a
	禾谷镰刀菌	18.29 ± 0.14 d
	丁香假单胞菌致病变种DC3000	17.08 ± 0.12 e
动物病原菌	猪霍乱沙门氏菌	16.14 ± 0.08 g
	大肠杆菌K39	20.21 ± 0.12 b
	金黄色葡萄球菌	16.67 ± 0.11 f
	大肠杆菌K88	19.63 ± 0.13 c

注：不同小写的英文字母表明同列数据在*P*<0.05水平上差异显著。

Note: The different small letters in the same column Figures indicate significant difference atP<0.05 level.

第三节　本章小结

本研究对马铃薯疮痂病拮抗菌株BU412进行抗菌蛋白的分离纯化，通过离子交换层析和分子筛层析，得到了单一目的蛋白条带。经过质谱测序，确认该蛋白为功能未被鉴定的蛋白（WP_017418614.1），这表明该蛋白为全新的抗菌蛋白，命名为AMEP蛋白。在随后的研究中发现，AMEP蛋白在不同菌株中的表达量有所差异，且不同的培养基也对蛋白产量影响很大，因此后续将进行蛋白表达产量的优化试验。

参考文献

[1] 朱杰华，杨志辉．中国北方马铃薯主产区病害发生趋势及防控对策[A]. 中国马铃薯大会论文集[C].哈尔滨：哈尔滨地图出版社，2009: 367–370.

[2] Wanner L A, Haynes K G. Aggressiveness of *Streptomyces* on four potato cultivars and implications for common scab resistance breeding[J]. Amerian Journal Potato Research, 2009, 86: 335–346.

[3] Scholte K, Labruyiere R E. Netted scab: a new name for an old disease in Europe[J]. Potato Research, 1985, 28: 443–448.

[4] Lambert D H, Loria R. *Streptomyces scabies sp*. nov[J]. International Journal of Systematic Bacteriology, 1989, 39: 387–392.

[5] Lambert D H, Loria R. *Streptomyces acidiscabies sp*. nov[J]. International Journal of Systematic Bacteriology, 1989, 39: 393–396.

[6] Miyajima K, Tanaka F, Takeuchi T, et al. *Streptomyces turgidiscabies sp*. nov[J]. International Journal of Systematic Bacteriology, 1998, 48: 495–502.

[7] Hao J J, Meng Q X, Yin J F, et al. Characterization of a new *Streptomyces* strain, DS3024, that causes potato common scab[J]. Plant Disease, 2009, 93: 1329–1334.

[8] Wanner L A. A new strain of *Streptomyces* causing common scab in potato[J]. Plant Disease, 2007, 91(04): 352–359.

[9] Loria R, Kers J, Joshi M. Evolution of plant pathogenicity in *Streptomyces*[J]. Annual Review of Phytopathology, 2006, 4: 469–487.

[10] 梁远发．马铃薯疮痂病的防治[J]. 四川农业科技，1999(05): 25.

[11] 杨宏福，金黎平，连勇，等．早熟马铃薯新品种中薯3号的选育[J]. 中国蔬菜，1995(06): 1–3.

[12] 奚启新，杜凤英，王凤山，等．调节土壤pH值和药剂防治马铃薯疮痂病[J]. 马铃薯杂志，2000, 14(01): 57–58.

[13] 卞春松，金黎平，谢开云，等．必速灭防治马铃薯疮痂病效果试验[J]. 中国马铃薯，2004, 18(04): 211–213.

[14] Liu D, Anderson N A, Kinkel L L. Biological control of potato scab in the field with antagonistic *Streptomyces scabies* spp[J]. Phytopathology, 1995, 85: 827–831.

[15] Liu D, Anderson N A, Kinkel L L. Selection and characterization of

anatagonistic strains of *Streptomyces* inhibiting potato scab[J]. Canada Journal of Plant Pathology, 1996, 42: 487–502.

[16] Liu D. Biological control of *Streptomyces scabies* and other plant path pathogens[D]. University of Minnesota, USA, 1992.

[17] 刘大群, Anderosn N A, Kinkel L L. 拮抗链霉菌防治马铃薯疮痂病的大田试验研究[J]. 植物病理学报, 2000, 30(03): 237–244.

[18] Jayaraman S, Thangavel G, Kurian H, et al. *Bacillus subtilis* PB6 improves intestinal health of broiler chickens challenged with *Clostridium perfringens* induced necrotic enteritis[J]. Poultry Science, 2013, 92(02): 370–374.

[19] Gao X, Ma Q G, Zhao L H, et al. Isolation of *Bacillus subtilis*: screening for aflatoxins B1, M1 and G1 detoxification[J]. European Food Research and Technology, 2011, 232(06): 957–962.

[20] Ma Q, Gao X, Zhou T, et al. Protective effect of *Bacillus subtilis* ANSB060 on egg quality, biochemical and histopathological changes in layers exposed to aflatoxin B1[J]. Poultry Science, 2012, 91(11): 2852–2857.

[21] Fan Y, Zhao L, Ma Q. Effects of *Bacillus subtilis* ANSB060 on growth performance, meat quality and aflatoxin residues inbroilers fed moldy peanut meal naturally contaminated with aflatoxins[J]. Food and Chemical Toxicology, 2013, 59: 748–753.

[22] Peypoux F, Bonmatin J M, Wallach J. Recent trends in the biochemistry of Surfactin[J]. Applied Microbiology and Biotechnology, 1999, 51: 553–563.

[23] Hu L B, Shi Z Q, Zhang T, et al. Fengycin antibiotics isolated from B–FS01 culture inhibit the growth of *Fusarium moniliforme* Sheldon ATCC 38932[J]. FEMS Microbiology Letters, 2007, 272: 91–98.

[24] Arrebola E, Jacobs R, Korsten L. Iturin A is the principal inhibitor in the biocontrol activity of *Bacillus amyloliquefaciens* PPCB004 against postharvest fungal pathogens[J]. Journal of Applied Microbiology, 2010, 108: 386–395.

[25] Brotz H, Bierbaum G, Reynolds P E, et al. The lantibiotic mersacidin inhibits peptidoglycan biosynthesis at the level of transglycosylation[J]. European Journal of Biochemistry, 1997, 246: 193–199.

[26] Stein T, Borchert S, Conrad B, et al. Two different lantibiotic–like peptides originate from the ericin gene cluster of *Bacillus subtilis* A1/3[J].

Journal of Bacteriology, 2002, 184: 1703–1711.

[27] Spie B T, Korn S M, Kötter P, et al. Autoinduction specificities of the lantibiotics subtilin and nisin[J]. Applied and Environmental Microbiology. 2015, 81(22): 7914–7923.

[28] Zhao X, Zhao X, Wei Y, et al. Isolation and identification of a novel antifungal protein from a rhizobacterium *Bacillus subtilis* strain F3[J]. Journal of Phytopathology, 2012, 161: 43–48.

[29] Wang N N, Gao X N, Yan X, et al. Purification, characterization, and heterologous expression of an antifungal protein from the endophytic *Bacillus subtilis* strain em7 and its activity against sclerotinia sclerotiorum[J]. Genetics and Molecular Research, 2015, 14: 15488–15504.

[30] 谢栋, 彭憬, 王津红, 等. 枯草芽孢杆菌抗菌蛋白X98的纯化和性质[J]. 微生物学报, 1998, 38(01): 13–19.

[31] Wang N N, Yan X, Gao X N, et al. Purification and characterization of a potential antifungal protein from *Bacillus subtilis*, e1r–j against Valsa mali[J]. World Journal of Microbiology and Biotechnology, 2016, 32: 63.

[32] Drozdetskiy A, Cole C, Procter J, et al. JPred4: a protein secondary structure prediction server[J]. Nucleic Acids Research, 2015, 43: W389–W394.

[33] Randolph T W, Jones L S. Surfactant–protein interactions[J]. Pharmaceutical Biotechnology, 2002,13: 159–175.

[34] Campos M A, Vargas M A, Regueiro V, et al. Capsule polysaccharide mediates bacterial resistance to antimicrobial peptides[J]. Infect Immune, 2004, 72: 7107–7114.

[35] Brogden K A. Antimicrobial peptides: pore formers or metabolic inhibitors in bacteria? [J]. Nature Reviews Microbiology, 2005, 3: 238–250.

[36] Varkey J, Singh S, Nagaraj R. Antibacterial activity of linear peptides spanning the carboxy–terminal beta–sheet domain of arthropod defensins[J]. Peptides, 2006, 27: 2614–2623.

[37] Nguyen L T, Haney E F, Vogel H J. The expanding scope of antimicrobial peptide structures and their modes of action[J]. Trends in Biotechnology, 2011, 29: 464–472.

[38] Yeaman M R. Mechanisms of antimicrobial peptide action and resistance[J]. Pharmacological Reviews, 2003, 55: 27–55.

第三章

AMEP 蛋白的功能挖掘

在前文中,我们从枯草芽孢杆菌BU412中分离鉴定了AMEP蛋白。研究表明, AMEP蛋白具有α螺旋的多聚体结构,能够与细菌细胞膜作用,是行使其抗菌活性的关键。进而,我们大胆的猜测,除了细菌的细胞膜, AMEP蛋白能否与植物或者动物的细胞膜相互作用呢? 在本章节中,我们对AMEP蛋白的功能进行了探索性的研究,拓展了其功能范畴。

第一节 蛋白激发子功能鉴定

在与病原体的长期相互作用中,植物进化出不同的调节机制,以逃避病原体的攻击[1-3]。对病原体或其他外来分子的识别对于防御反应的启动至关重要[4]。微生物产生和释放的激发子被认为在植物和病原体之间的信号交换中发挥着重要作用[5]。激发子可以诱导植物的防卫反应,例如细胞壁强化、活性氧(Reactive Oxygen Species, ROS)爆发、乙烯生物合成、发病机制相关(Pathogen related, PR)蛋白质的表达与过敏反应(Hypersensitive Response, HR)的诱导[6-8]。这些防卫反应首先在感染的区域表现出来,称为诱导系统抗性(Induced System Resistance, ISR),然后扩展到非感染区域产生系统获得抗性(System Acquired Resistance, SAR)[9-11]。

现在认为能够刺激植物产生防御机制和抗性的物质,称为激发子。根据其来源,我们可以将激发子按照来源分为生物源和非生物源。激发子能够引起植物的多种变化,如细胞壁增厚、抗毒素物质的积累、防御相关酶活性的提高和抗病相关基因的表达。植物防御系统主要包括两个方面: 组成性防御和主动防御反应,前者指一般植物在遭受胁迫之后会产生表皮蜡质和木质素，获得对自身的物理保护；后者是受到危害后植物体内产生活性氧，激发自身防御系统开启对抗病原菌的反应。主动防御在植物生长过程中占据重要地位，烟草在刺激下能产生抵御病原体的抗性。过敏反应（Hypersensitive response，HR）是一种快速防御反应，具体表现为受到病原菌感染时局部细胞迅速死亡，激发植物的防卫反应，进入了对病原菌的防卫状态，增强了植物抗病性。HR可导致感染细胞及其周围细胞死亡，病原体被困在坏死细胞中，从而减少病原菌的传播。同时，植物的未感染位点也获得相关抗性，这是由于抗病基因的表达而引起的抗性物质的转移和运输。

传统的蛋白激发子主要从植物病原菌中分离，如来自于细菌的鞭毛蛋白（Flagellin）和超敏蛋白（Harpin）[12-13]，来自于真菌的木聚糖酶（Xylanase）[14]，来自于酵母的转化酶（Invertase）[15]，来自于卵菌的诱导素（Elicitin）[16]等。近年来，一些来自生物防治菌株的蛋白激发子也被报道具有诱导抗病性，如枯草芽孢杆菌的丰原素和表面活性素[17]，来自淀粉样芽孢杆菌的PeBA1[18]以及来自杨凌糖丝菌的BAR11[19]。这说明蛋白激发子不仅限于植物病原菌，在生防菌中也广泛分布。

蛋白激发子引起的植物的防卫反应通常由不同的植物激素介导的信号通路进行调节。目前的研究认为，由水杨酸(Salicylic acid，SA)、茉莉酸（Jasmonic acid，JA）和乙烯（Ethylene，ET）介导的抗病性发生过程，组成了植物防卫反应的基本信号通路。其中，SA信号途径主要诱导植物对半活体/活体营养性病原菌的抗性，JA/ET信号途径主要是用于抵抗草食性昆虫和死体营养性（腐生）病原菌。已有研究证明，SA信号途径参与了病原菌诱导的系统获得抗性（System acquired resistance，SAR）的形成，而JA/ET信号途径是诱导系统抗性（Induced systemic resistance，ISR）不可或缺的。除以上三种主要的植物激素外，还有许多植物激素参与了植物防卫反应的信号通路，如脱落酸（Abscisic acid，ABA）、吲哚乙酸(Indole-3-acetic acid，IAA)、类固醇（Brassinosteroids，BRs）、细胞分裂素（Cytokinins，CKs）、褪黑素（Melatonin）等。这些植物激素通过独立、协同或拮抗的相互作用方式共同调节植物的免疫反应途径。

由于本研究的AMEP蛋白是从枯草芽孢杆菌中分离而来，为了检验AMEP蛋白是否也具有激发植物免疫反应的功能，在本章节中，对AMEP蛋白激发植物的防卫反应功能和诱导植物抗病性进行了试验。

一、材料与方法

（一）AMEP 蛋白激发植物的防卫反应

（1）过敏反应HR和台盼蓝染色

为了检测新蛋白诱导剂对烟草中HR诱导活性的影响，使用不带针头的注射器将1 mg/mL的AMEP蛋白注射到叶片中，渗透面积为1 cm^2。24 h后，在注射区域检查HR坏死症状。根据Koch等人[20]的方法，用台盼蓝指示剂对含HR的烟叶进行染色，然后在显微镜下观察。

（2）HR诱导的最小作用浓度

为了检查AMEP蛋白在烟草中诱导HR的最小作用浓度，用1 mL无针注射器将100 μL体积的不同浓度的AMEP蛋白（2.4 mg/mL、2.0 mg/mL、1.6 mg/mL、1.2 mg/mL、0.8 mg/mL和0.4 mg/mL）以1 mL无针注射器注射到烟草叶片中。以Tris-HCl（pH 7.5）作为对照。24 h后检查HR症状。

（3）AMEP蛋白的热稳定性试验

为了测试热稳定性，蛋白诱导剂在不同温度（25 ℃、40 ℃、60 ℃、80 ℃和100 ℃）下处理5 min，冷却至室温后，渗透到烟叶中。24 h后，观察烟草叶片浸润后的HR反应。

（4）亚细胞定位

在2 mL碳酸盐缓冲液（0.05 M，pH 9.0）中，在4 ℃下用0.1 mg的FITC（Fluorescein Isothiocyanate）与2 mg AMEP蛋白反应12 h。将FITC和AMEP蛋白混合物施加到平衡的Superdex 75 10/300 GL柱上，并用20 mM Tris-HCl（pH 7.5）洗脱。从游离的FITC分子中分离得到FITC-AMEP蛋白。随后，用1 mL无针注射器将FITC-AMEP蛋白渗透到已生长6周的烟草植株叶片中。注射后4 h将叶片撕开，在激光共聚焦显微镜（Leica SP8）下观察其定位情况。

（5）活性氧积累

HR期间的早期事件之一是活性氧的产生，作为向下游细胞传递信号的活性过程[21]。活性氧的检测可以利用3，3-二氨基联苯胺（DAB）的过氧化物酶依赖性原位组织化学染色法[22]和超氧化物依赖性硝基蓝四唑（NBT）还原法[23]。以50 μg/mL的AMEP蛋白喷施烟草叶片，以缓冲剂为对照。在不同的后处理时间（0 h、4 h、12 h和24 h），将叶片切割，然后用1 mg/mL的DAB（pH 3.8）或1 mg/mL的NBT真空渗透2 h。将处理过的叶片在70%乙醇和5%甘油中培养24 h以上，以消除叶绿素的影响，观察DAB和NBT沉积情况并拍照。

（6）防御相关酶的诱导

以50 μg/mL的AMEP蛋白喷施烟草叶片，以缓冲剂为对照。在处理后的不同时间（0 h、4 h、8 h、12 h、24 h、48 h和72 h）收获叶片，并立即冷冻在液氮中。然后，在提取缓冲液（50 mM磷酸盐缓冲液，pH 7.8）中使用研钵和研杵将每个处理的样品均化。然后在16 000 × g的温度下在4 ℃下离心20 min。收集上清液（粗酶提取物）。根据Hano等人[24]的方法测定SOD、POD、PPO和PAL的酶活性。

过氧化物歧化酶（SOD）活性测定：称取0.4 g烟草叶片放入研钵中，加4 mL，PH 7.8的磷酸缓冲液，冰浴研磨，匀浆倒入离心管中，4 ℃，10 000 r/min离心20 min后将上清液转入新的离心管中，置于0~40 ℃下保存待用。取型号相同的试管，吸取50 μL的酶液，加入3 mL反应液，4 000 Lux光照30 min，同时取四支试管，三支做对照，一支做空白（不加酶液，以缓冲液代替）；空白置暗处，对照（CK）与混合液同置于4 000 Lux条件下照光30 min，遮光保存，在560 nm下以空白调零，测吸光度。

苯丙氨酸解氨酶（PAL）活性测定：取叶片0.1 g，放入研钵中，加入少许石英砂和4 mL 0.1 M硼酸缓冲液（pH 8.8，含5 mM巯基乙醇），研磨成匀浆。4 ℃下10 000 g离心15 min，上清液用于酶活性的检测。取酶液0.5 mL、L-苯丙氨酸（0.02 M）1 mL、蒸馏水2.5 mL，混匀后40℃下反应1 h，加入0.2 mL 6 M HCl终止反应，用紫外分光光度计测OD290值，以每克鲜组织每分钟OD290值变化0.01为一个酶活性单位（U）。

过氧化物酶（POD）活性测定：取叶片0.1 g，放入研钵中，加入少许蒸馏水和石英砂，研磨成匀浆，用蒸馏水定容至10 mL。4 ℃下4 000 g离心15min，上清液保存于冰箱，用于酶活性的检测。取酶液1 mL、0.2 M醋酸缓冲液（pH 5.0）1 mL、0.1%邻甲氧基苯酚1 mL，摇匀后，于30 ℃下反应5 min，加入0.08% H_2O_2溶液1 mL，反应到2 min时用紫外分光光度计测OD470值，以每克鲜组织每分钟OD470值变化0.01为一个酶活性单位（U）。

多酚氧化酶（PPO）活性测定：酶液提取同POD。取酶液1 mL、加0.02 mol/L邻苯二酚溶液1.5 mL、0.05 mol/L磷酸缓冲液（pH 6.8）1.5 mL，于30 ℃下反应2 min，用紫外分光光度计测OD398值，以每克鲜组织每分钟OD398值变化0.01为一个酶活性单位（U）。

（7）信号途径关键基因的表达水平

为探讨AMEP蛋白诱导植物抗性的机制，将AMEP蛋白喷洒在6周龄的烟草叶片上，用Q-RT-PCR方法检测了几种植物防卫相关基因的表达水平，引物见表3.1。

表3.1 关键基因的引物表

Table 3.1 Primers for detecting key genes

引物名称	引物序列	碱基数
PR1a-F	TGGATGCCCATAACACAGC	19
PR1a-R	AATCGCCACTTCCCTCAG	18
PR1b-F	GATGTGGGTTGATGAGAAGC	20
PR1b-R	CTCCAATTACCAGGTGGATC	20
NPR1-F	ACATCAGCGGAAGCAGTAG	19
NPR1-R	GTCGGCGAAGTAGTCAAAC	19
PAL-F	TCGGGCTTTCCATTCATCACC	21
PAL-R	AAGAAGCGTTCCGTGTTGCTG	21
PDF1.2-F	GGAAATGGCAAACTCCATGCG	21
PDF1.2-R	ATCCTTCGGTCAGACAAACG	20
β-actin-F	ATGCCTATGTGGGTGACGAAG	21
β-actin-R	TCTGTTGGCCTTAGGGTTGAG	21

烟草总RNA的提取采用OMEGA植物RNA提取试剂盒，步骤如下：

（1）取100 g烟草叶片进行液氮研磨，粉末移送至2 mL离心管中，添加500 μL Buffer RCL/β-巯基乙醇。快速混匀，并保证无块状。每1 mL RCL Buffer中添加20 μL β-巯基乙醇，混匀使用，混合液室温可以保存1周。

（2）55 ℃水浴1~3 min，室温最大转速（>14 000 g）离心5 min。

（3）上清（大概可以得到450 μL）转入含2 mL收集管的gDNA Filter Colum中，室温14 000 g离心2 min。

（4）加等体积Buffer RCB于收集管中，并上下颠倒5~10次混匀。

（5）混合体系取1半置于含新2 ml收集管的HiBind™ RNA Mini Colum。室温10 000 g离心1 min。除去流动相，并把柱子放回收集管中。

（6）把剩余的混合体系置于柱子中，室温10 000 g离心1 min。除去流动相，柱子放回收集管中。此时可选择DNase I处理步骤。

（7）加400 μL RWC Wash Buffer并室温10 000 g离心1 min，除去流动相和收集管。

（8）把柱子放在一个新的2 mL收集管上，加500 μL RNA Wash Buffer II（用乙醇稀释过的），室温10 000 g离心1 min，除去流动相，柱子放回收集管。添加48 mL无水乙醇于RNA Wash Buffer II的瓶中，并混匀后使用。

（9）重复步骤（8），除去流动相，清空收集管，把柱子放回收集管中，室温10 000 g离心2 min。

（10）RNA洗脱：把柱子置于新的1.5mL离心管上，加30~50 μL DEPC水洗脱，确保水加在柱子中膜的正中央，室温静置洗脱2 min，10 000 g离心1 min，1.5 mL离心管中获得的液体即为RNA。

反转录为cDNA使用Takara公司的试剂盒，具体操作如下：

（1）在冰浴的无RNase的离心管中加入如下反应成分：

1~5 μg总RNA或50~500 ng mRNA

2 μL Oligo(dT)16或2 pmole基因特异性引物

补 RNase-free ddH_2O至 14.5 μL

（2）70 ℃保温5 min后迅速在冰上冷却 2 min，简短离心收集反应液后加入以下各组分：

4 μL 5 × M-MLV Buffer

1 μL dNTPs

0.5 μL RNasin

1 μL M-MLV

（3）42 ℃温浴60 min，如果是用随机引物，先将离心管置25 ℃温浴10 min，再42 ℃温浴60 min。

（4）95 ℃加热5 min终止反应，置冰上进行后续实验或-20 ℃保存。

（5）用于后续PCR 扩增，用RNase-free dd H_2O将反应体系稀释到50 μL，取2~5 μL作为PCR反应模板。

荧光定量PCR步骤：

（1）β-actin阳性模板的标准梯度制备

阳性模板的浓度为1011，反应前取3 μL按10倍稀释（加水27 μL并充分混匀）为1010，依次稀释至109、108、107、106、105、104，以备用。

（2）反应体系如下：

标准品反应体系

序号	反应物	剂量
1	SYBR Green 1 染料	10 μL
2	阳性模板上游引物F	0.5 μL

序号	反应物	剂量
3	阳性模板下游引物R	0.5 μL
4	dNTP	0.5 μL
5	Taq酶	1 μL
6	阳性模板DNA	5 μL
7	ddH_2O	32.5 μL
8	总体积	50 μL

轻弹管底将溶液混合，6 000 rpm短暂离心。

管家基因反应体系

序号	反应物	剂量
1	SYBR Green 1 染料	10 μL
2	内参照上游引物F	0.5 μL
3	内参照下游引物R	0.5 μL
4	dNTP	0.5 μL
5	Taq酶	1 μL
6	待测样品cDNA	5 μL
7	ddH_2O	32.5 μL
8	总体积	50 μL

轻弹管底将溶液混合，6 000 rpm短暂离心。

（3）制备好的阳性标准品和检测样本同时上机，反应条件为：93 ℃ 2 min，然后93 ℃ 1 min，55 ℃ 2 min，共40个循环。各样品的目的基因和管家基因分别进行RealtimePCR反应。PCR产物与DNA Ladder在2%琼脂糖凝胶电泳，GoldView染色，检测PCR产物是否为单一特异性扩增条带。

（二）AMEP蛋白提高植物抗病性

（1）AMEP蛋白提高烟草对丁香假单胞菌的诱导抗病性

6周大的烟草植株被用于以下检测。用50 μg/mL的AMEP蛋白处理烟草植株的两片叶片，以缓冲液为对照。在处理24 h后，用1 mL无针注射器将50 μL丁香假单胞菌细胞悬液（5×10^5 cfu/mL）渗透到未经处理的叶片中。接种的植物在22 ℃高湿度和16 h昼夜循环的生长室中生长。感染丁香假单胞菌后4 d观察症状。

（2）AMEP蛋白提高烟草对灰霉菌的诱导抗病性

6周大的烟草植株被用于以下检测。用50 μg/mL的AMEP蛋白处理烟草植株的两片叶片，以缓冲液为对照。在处理24 h后，将在YME固体培养基上生长的灰霉菌打块，添加到未经处理的叶片中。接种的植物在22 ℃高湿度和16 h昼夜循环的生长室中保存。感染灰霉菌后4 d观察症状。

二、结果与分析

（一）AMEP 蛋白引发防卫反应

（1）HR和台盼蓝染色

为了确认新蛋白的HR活性，将1 mg/mL的AMEP蛋白注射到烟草叶片中，24 h后在渗透部位发现明显的过敏反应坏死区域（图3.1a）。HR可以通过叶片上的台盼蓝染色来检测，HR部位的死细胞被染色成蓝色（图3.1b）。HR也是细胞死亡的一种形式，也被视作为植物先天免疫系统的一部分反应[25]。尽管一些已经报道的蛋白激发子不引起HR[26-27]，但是HR仍然是大部分蛋白激发子鉴定时的首要参考依据。

图 3.1　AMEP 蛋白引发 HR 和台盼蓝染色

Figure 3.1　AMEP induced HR and Trypan blue staining

（2）HR诱导的最低浓度

为了检查HR所需的最低浓度，将不同浓度梯度的AMEP蛋白注射到烟草叶片中，结果表明，最低的过敏反应浓度为0.8 mg/mL（图3.2a）。

（3）AMEP蛋白的热稳定性试验

热稳定性试验表明，在25 ℃、40 ℃、60 ℃、80 ℃和100 ℃下处理5 min后，AMEP蛋白均可引起明显的HR症状，说明AMEP蛋白有良好的热稳定性（图3.2b）。

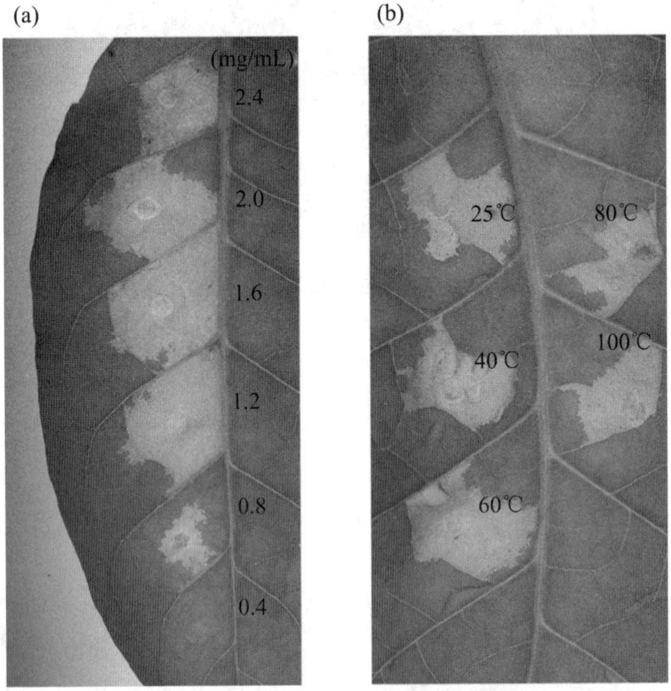

图 3.2　AMEP 蛋白引起 HR 的最低浓度与热稳定性

Figure 3.2　The minimum concentration for AMEP induced HR and thermo stability

（4）定位分析

通过与FITC融合来确定AMEP蛋白的细胞定位。将FITC-AMEP蛋白注射到烟叶中，用激光共聚焦显微镜观察4 h后的荧光信号。如图3.3所示，荧光几乎全部沿细胞壁和细胞外周表面均匀分布。结果表明，AMEP蛋白定位于细胞表面，这为其机制研究提供了线索。

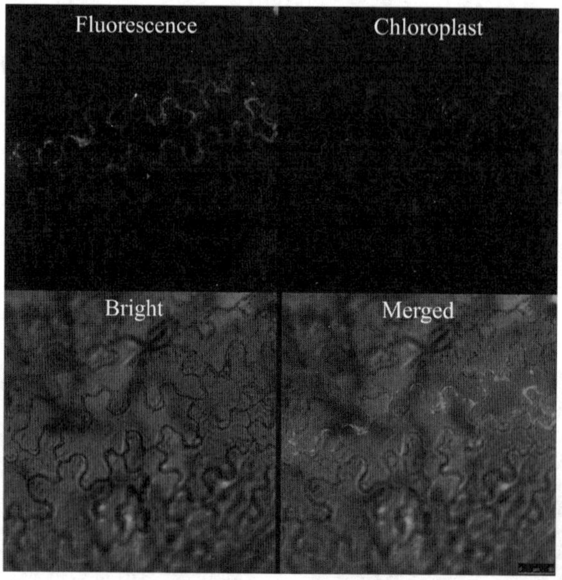

图 3.3 AMEP 蛋白在烟草细胞的荧光定位

Figure 3.3 The fluorescent localization of AMEP on tabacco cells

（5）活性氧水平的诱导

为了进一步研究AMEP蛋白激活的植物早期生化反应，分别用DAB和NBT检测ROS的积累。如图3.4所示，随着处理时间的延长，可见棕色DAB染色和蓝色NBT染色沉淀物明显增多。在24 h后处理，沉淀物扩散至整个烟草叶片。

图 3.4 AMEP 蛋白引起 ROS 积累

Figure 3.4 AMEP induced the accumulation of ROS

（6）AMEP蛋白处理植物防御酶的增加

AMEP蛋白处理后0~72 h检测到SOD、POD、PPO、PAL等防御相关酶活性。上述酶的活性表现出相似的趋势，在8 h时开始增加，在AMEP蛋白处理后24 h达到峰值，随后逐渐下降（图3.5）。

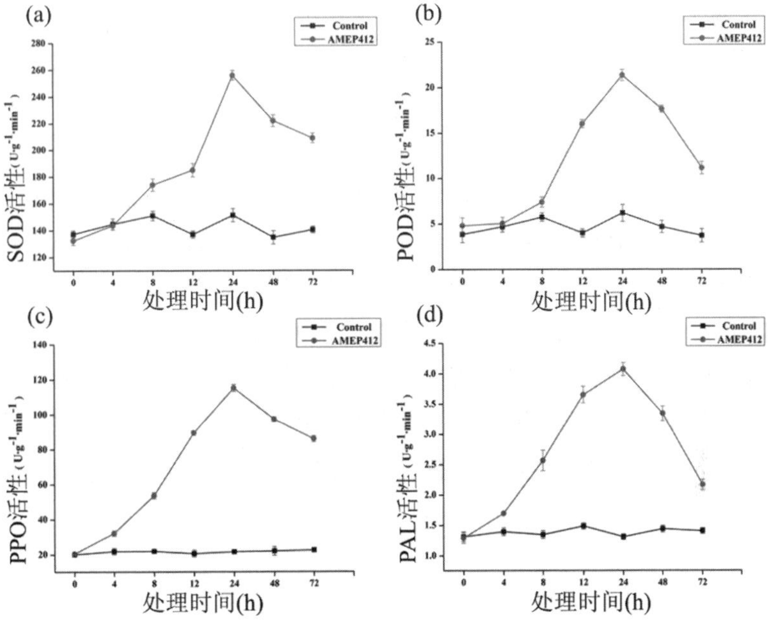

图 3.5　AMEP 蛋白引起防御酶变化

Figure 3.5　AMEP induced changes of defense enzymes

低浓度的AMEP蛋白尽管不诱导产生HR坏死症状,但是其仍然能够作用于烟草叶片并引发一系列的防卫反应,比如活性氧爆发和防御相关蛋白酶的表达等,这些防卫反应会进一步激活植物的先天免疫系统[28-29]。根据我们的研究结果，AMEP蛋白激发植物的早期防卫反应大约集中在24 h。然而,许多蛋白激发子需要48 h以上的时间来使植物表现出防卫反应[30]。这种作用时间的区别可能与其作用机理密切相关,值得在今后的研究中进一步深入展开调查。但是，AMEP蛋白这种快速引发防卫反应的特性应该视为是一种优势,因为在田间施用时会大大缓解长时间暴露所导致的自然降解问题。

在本研究中，AMEP蛋白被发现定位于植物的细胞表面,这意味着AMEP蛋白引发植物防卫反应不需要进入植物细胞内部。由此,可以推测在植物细胞表面存在着某种受体接收来自AMEP蛋白的刺激,通过信号传导系统进一步引发植物细胞内部的一系列防卫反应。目前关于植物细胞内部的信号传递途径主要分为两类：水杨酸(Salicylic Acid，SA)信号途径和茉莉酸(Jasmonic Acid，JA)信号途径。其中，SA信号途径主要与系统获得抗性有关,而JA信号途径是ISR的调节者[31]。同时,这两个信号系统之间也存在着相互作用,可以是协同也可以是阻遏,但据研究发现阻遏作用是主要表现形式[32]。NPR1蛋白在其中起着重要的调节作用[33]。关于AMEP蛋白与植物细胞作用的受体和信号传导途径,则需要今后的研究进一步揭示。

信号途径关键基因的表达分析显示(图3.6),SA通路相关基因PR1a、PR1b和PAL显著上调,其最高水平分别增加了15、20和18倍。JA反应基因PDF1.2也显著上调,但上调幅度仅为5倍。NPR1是控制SA和JA相互作用的重要基因,其表达上调了23倍。这些结果表明,SA和JA途径均对AMEP蛋白有反应,JA途径可能通过NPR1基因的高表达被SA途径抑制。然而,我们只在施用AMEP蛋白后24 h检测了基因表达水平。为了揭示相关基因的动态表达,需要在更多的时间点进行检测。

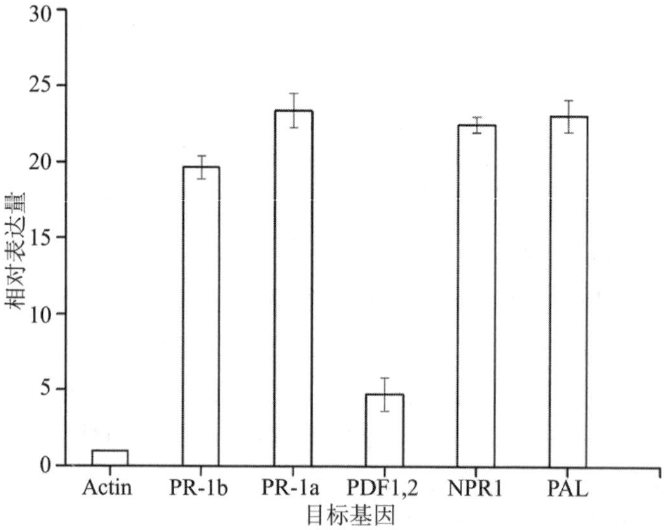

图3.6 AMEP蛋白引起信号通路关键基因变化

Figure 3.6 AMEP induced changes of key genes expression

AMEP蛋白多聚体在作用机理上是作为一种蛋白激发子,可以激发植物防御反应,如乙烯生物合成、致病相关蛋白(PR)的表达和超敏反应(HR)的产生。这些反应首先在感染区表达,称为激发系统抵抗(ISR),然后延伸到非感染区并产生系统获得性抵抗,从而使植物能更好地抵御病原菌或增强抗逆能力。在本研究中,激发子被定位在烟草细胞表面,这表明它不需要进入细胞来发挥其功能。因此,预测可能有一些受体与激发子相互作用,然后通过某种途径将信号转导到细胞中。水杨酸和茉莉酸信号通路是诱导子触发植物防御反应的重要途径。SA是合成孔径的关键调节器，而JA是ISR不可或缺的。此外，这两种途径之间可能存在拮抗作用或协同作用。然而，拮抗作用似乎占主导地位。对于AMEP蛋白，需要更多的研究来揭示其相互作用的受体及其所利用的信号转导途径。

（二）AMEP蛋白提高植物抗病性

（1）AMEP蛋白提高烟草对丁香假单胞菌的诱导抗病性

AMEP蛋白处理过的叶片在面积和严重程度上明显抑制了丁香假单胞菌引起的病变（图3.7），这说明AMEP蛋白可诱导植物产生SAR。

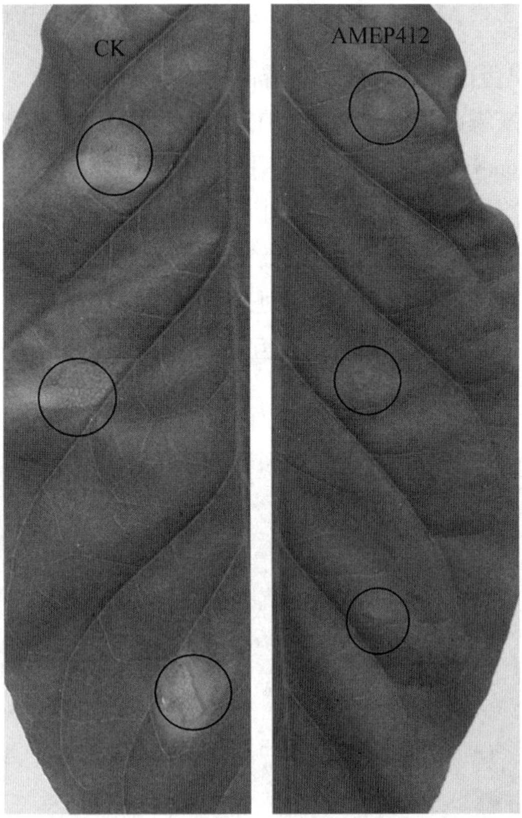

图3.7 AMEP蛋白提高烟草对丁香假单胞菌的抗病性

Figure 3.7 AMEP promoted resistance of tobacco against DC 3000

（2）AMEP蛋白提高烟草对灰霉菌的诱导抗病性

AMEP蛋白处理过的叶片在面积和严重程度上明显抑制了灰霉菌引起的病变（图3.8），这说明AMEP蛋白可诱导植物产生SAR。

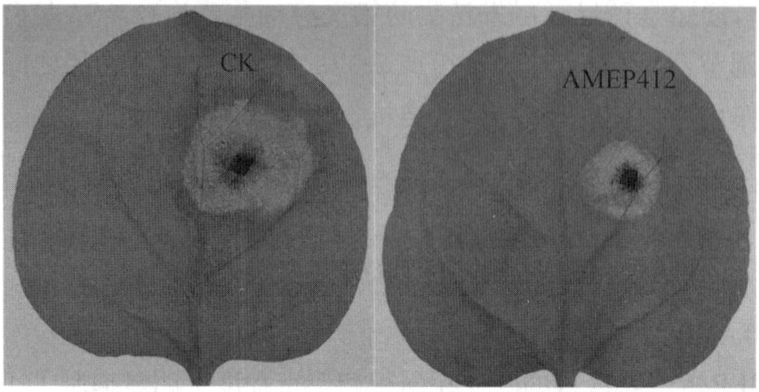

图 3.8 AMEP 蛋白提高烟草对灰霉菌的抗病性

Figure 3.8 AMEP induced resistance of tobacco against B. cinerea

（3）AMEP蛋白提高番茄对灰霉菌的诱导抗病性

我们采用灰霉菌接种试验对AMEP蛋白提高番茄抗病性进行了测试。以番茄品种Moneymaker为材料，使用AMEP蛋白处理番茄叶片，24 h后接种灰霉菌块，培养48 h后统计病斑大小。统计分析结果发现（图3.9），对照组的病斑直径均值为13.40 ± 1.26 cm，而AMEP处理组的病斑直径均值减少为7.36 ± 1.76 cm，AMEP处理显著提高了番茄对灰霉菌的抗病性。这说明AMEP蛋白能够与番茄互作激发免疫效果，为后续作用机制的研究打下了坚实基础。

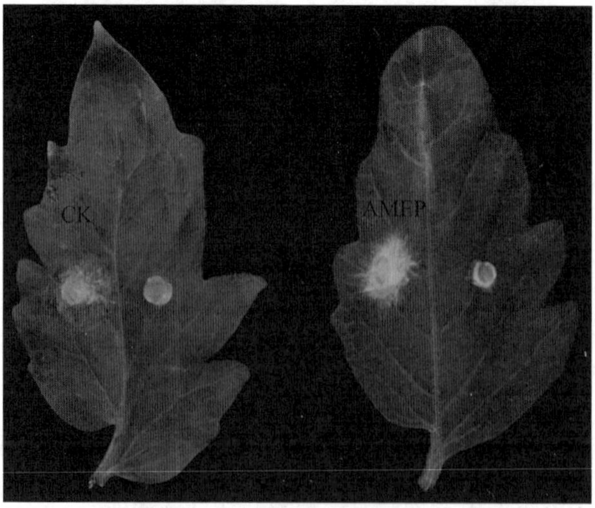

图 3.9 AMEP 蛋白提高烟草对灰霉菌的抗病性

Figure 3.9 AMEP induced resistance of tomato against B. cinerea

AMEP蛋白从枯草芽孢杆菌中分离鉴定，是一种全新的蛋白激发子。该蛋白激发子由76个氨基酸组成，分子量为8.36 kD，富含赖氨酸和亮氨酸等疏水氨基酸，其17—36位氨基酸被预测为跨膜结构域。AMEP蛋白的二级结构主要由α螺旋组成，以多聚体形式稳定存在于水性溶液中，且具有良好的热稳定性。实验表明，AMEP蛋白能够有效引起烟草叶片的过敏反应（Hypersensitive response，HR），造成活性氧（Reactive oxygen species，ROS）积累和提高抗逆相关蛋白酶浓度等早期防卫反应。AMEP蛋白处理能够诱发烟草的系统获得抗性，减轻病原菌引发的病害症状。

前期研究还发现，AMEP蛋白具有对部分病原菌（疮痂链霉菌）的抗性和对有害昆虫（白粉虱）的杀伤活性。这意味着AMEP蛋白能够从激发植物免疫、拮抗病原菌和杀伤有害昆虫等多方面对植物健康生长起到促进作用，这样的多重功能在已报道的蛋白激发子中实属少见。AMEP蛋白在枯草芽孢杆菌发酵液中具有很高的表达水平（约1 mg/mL），不需要重组表达，可直接开发为蛋白类生物农药制剂。此外，AMEP蛋白的来源为枯草芽孢杆菌，其发酵液中含有大量抗菌物质，如果能够有效保留至成品制剂，将进一步增强制剂的生防效果。

综上所述，AMEP蛋白作为新发现的多功能蛋白激发子，是开发为蛋白类生物农药的理想候选。但是，与大多数蛋白激发子不同，AMEP蛋白为生防菌来源，且功能多样化，其作用机制可能存在较大差异。目前，关于AMEP蛋白作用机制的研究还未深入展开，这不仅限制了对AMEP蛋白特性的深入了解，也阻碍了其开发为生防制剂的进程。因此，在今后的研究中，我们将致力于阐明AMEP蛋白激发子的作用机制。

三、小结

本章节研究对AMEP蛋白的激发子功能进行了检测。研究发现AMEP蛋白能够有效快速的引起烟草叶片的HR坏死症状，其最低作用浓度为0.8 mg/mL。AMEP蛋白在激发植物免疫活性方面，表现出良好的耐热效果，能够引发活性氧爆发、防御性蛋白酶（SOD、POD、PPO、PAL）的表达等防卫反应。细胞定位发现AMEP蛋白定位于烟草细胞的表面。此外，AMEP蛋白处理后的烟草叶片能够减轻丁香假单胞菌和灰霉菌的病害症状，说明其能够提高植物的抗病性。

第二节 AMEP 蛋白杀虫活性的鉴定

白粉虱（Whitefly, Bemisia tabaci）属于半翅目，粉虱科，是多种农作物的重要害虫，包括蔬菜、棉花和观赏植物[34]。它以韧皮部为食损害农作物，传播植物病毒，导致农业生产和国民经济的损失[35]。防治白粉虱的策略主要依靠化学药剂和杀虫剂。然而，白粉虱对那些过度频繁使用的杀虫剂产生了抗药性[36-40]。考虑到这个问题，探索新型杀虫剂的作用方式应该是一个新的焦点。

与化学杀虫剂相比，具有杀虫活性的蛋白质由于作用方式的不同，导致害虫产生抗药性的可能性相对较低。在之前已经报道了很多关于杀虫蛋白的研究，其中最著名的例子是苏云金芽孢杆菌（Bt）的Cry毒素。它被开发成为转Bt基因的抗虫棉花，有效地控制了鳞翅目昆虫的危害。抗虫棉花的广泛种植大大减少了化学农药的使用。然而，没有一种Cry毒素对白粉虱具有杀伤作用。近年来，一些研究者关注于来自于植物的杀虫蛋白的筛选。Das等人[41]报道了一种来自大蒜叶子的甘露糖结合凝集素能有效抑制白粉虱。Jin等人[42]将半夏凝集素在叶绿体中进行表达，并取得了对白粉虱的杀伤效果。Shukla等人[43]从食用蕨类植物中鉴定了一种Tma12蛋白，并在转基因棉花中表达，表现出对白粉虱高度的抵抗力。尽管这些杀虫蛋白显示出很好的潜力，但是由于低提取率或转基因的限制，目前并未在农业生产中广泛应用。

在本研究中，我们从枯草芽孢杆菌中分离鉴定了一种抗菌蛋白AMEP蛋白，同时具有激发植物免疫系统的能力[44]。在此，我们检验了AMEP蛋白对白粉虱的杀伤效果，对其稳定性进行了测试，并对其在白粉虱体内的定位进行了追踪，并讨论了其可能的作用机理。本部分内容致力于拓展AMEP蛋白的功能，并为白粉虱的生物防治提供依据。

一、材料与方法

（一）AMEP 蛋白对白粉虱致死率测定

白粉虱成虫的准备参照Upadhyay[45]的方法开展试验。将1~2日龄的白粉虱成虫从叶片上驱赶至50 mL的透明试管中，每个试管中至少50只。使用人工配制的饲料对白粉虱成虫进行人工饲喂，饲料配方为：5%

酵母浸粉+30%蔗糖[46]。使用两层拉伸的封口膜将试管帽封闭,液体饲料放置在两层膜之间,模拟叶片的结构。AMEP蛋白设置为梯度浓度进行饲喂,浓度依次为0 μg/mL、1 μg/mL、5 μg/mL、10 μg/mL、20 μg/mL、40 μg/mL和80 μg/mL。每个处理重复三次。饲喂两天后进行调查,落在试管底部的白粉虱尸体视为死亡计数。结果使用单因素ANOVA分析,平均值使用Tukey's HSD检验在5%水平进行。半数致死浓度(Median Lethal Concentration, LC50)使用SPSS软件中的probit功能进行分析。

(二)AMEP 蛋白的稳定性测试

在之前的研究中,AMEP蛋白的抗菌和激发植物免疫活性表现出了很好的耐热性和对蛋白酶的稳定性。在此,对AMEP蛋白的杀虫活性进行稳定性测试。耐热性测试采用沸水浴15 min和30 min进行处理,自然降解稳定性采用室温管内放置24 h和48 h进行处理,之后测试AMEP蛋白各处理的杀虫活性,浓度统一设置为60 μg/mL。每个处理重复3次。为了测试AMEP蛋白与昆虫肠道内的丝氨酸蛋白酶之间是否存在互相抑制,将胰蛋白酶对AMEP蛋白进行共同孵育,以BAPNA法[47]测试胰蛋白酶活性的变化。

(三)AMEP 蛋白在白粉虱体内的荧光定位

由于AMEP蛋白是由天然产物纯化而来,因此绿色荧光蛋白(Green FluorescentProtein, GFP)不适合用来进行标记。在本试验中我们采用化学荧光素FITC对AMEP蛋白进行标记,其具体的制备参照Shen等[48]的方法。2 mg/mL的AMEP蛋白与0.05 M的FITC溶液进行混合,在4 ℃孵育12 h。随后使用AKTA蛋白纯化仪进行分子筛纯化,使用Superdex 75 10/300 GL的纯化柱将游离的未结合的FITC除去,保留FITC标记的AMEP蛋白。将FITC-AMEP蛋白浓度调整至60 μg/mL,进行白粉虱饲喂,死亡后的成虫立即清洗后使用Olympus BX60荧光显微镜进行荧光显微观察,波长为495 nm。

二、结果与分析

(一)AMEP 蛋白杀伤白粉虱的 LC50 值

使用不同浓度梯度的AMEP蛋白对白粉虱成虫进行饲喂试验,结果显示其致死率分布在17%~96%,死亡率与蛋白浓度呈正相关趋势(图

3.10）。

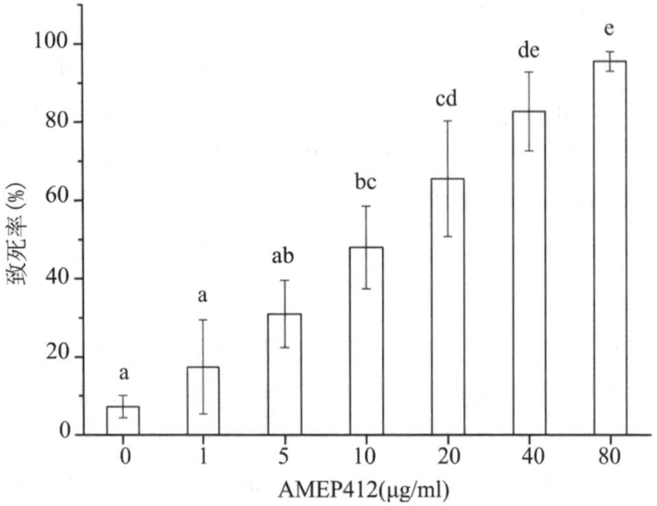

图 3.10 不同浓度的 AMEP 蛋白对白粉虱成虫的致死率

Figure 3.10 The mortality deter mined from the insect bioassay with B. tabaci at different concentrations of AMEP

LC50 值为 15.57 μg/mL，具体见表 3.2（fiducial limits=10.86~21.00；slope=2.10；95% confidence interval (CI) for slope 1.55~2.66；χ^2 for heterogeneity 0.83 calculated；χ^2 significance value 0.84）。AMEP 蛋白造成 90% 致死率的蛋白浓度计算为 63.27 μg/mL。本实验结果确认了 AMEP 蛋白具有对白粉虱的杀伤活性。综合之前的结果，AMEP 蛋白具有拮抗病原菌、激发植物免疫和杀伤有害昆虫的多重活性，此现象在抗菌蛋白、蛋白激发子和杀虫蛋白中都不多见，这对于 AMEP 蛋白开发为蛋白质生物农药具有重要意义。

表 3.2 AMEP 蛋白对白粉虱成虫的杀伤效果

Table 3.2 The calculated LC50 of AMEP against B. tabaci

LC_{50}（μg/mL）	Lower 95% FL（μg/mL）	Upper 95% FL（μg/mL）	Slope ± SE	χ^2(df)	P-value
15.57	10.86	21.00	2.10 ± 0.28	0.83(3)	0.84

（二）AMEP 蛋白的耐热和自然降解特性

与未处理的 AMEP 蛋白样品相比，在 95 ℃沸水浴处理 15 min 和 30 min 后，AMEP 蛋白的杀虫活性分别降低了 0.57% 和 0.49%，差异不显著(图3.11)。这说明AMEP蛋白的杀虫性对热不敏感，AMEP蛋白具有热稳定性。为了检测AMEP蛋白对自然降解的稳定性，AMEP蛋白在室温下放置24 h和48 h,其杀虫活性分别降低了2.73%和16.38%,其中后者差异显著(图3.11)。这说明AMEP蛋白在48 h时出现了显著的降解,但是此时其致死率仍然超过75%,这说明AMEP蛋白在48 h后仍然保留了大部分活性,满足田间活性发挥需要,由此判定AMEP蛋白具有对自然降解的稳定性。

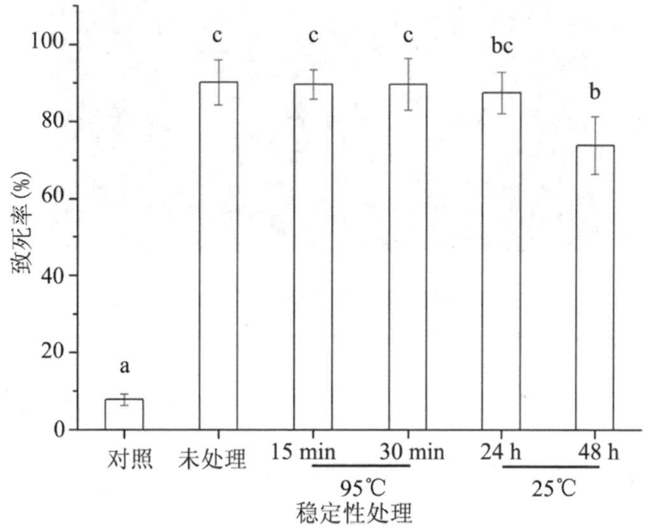

图 3.11 AMEP 蛋白的稳定性测试

Figure 3.11 The stability test of AMEP

一些杀虫蛋白的杀虫机制是建立在作为丝氨酸蛋白酶抑制剂的基础上的。这些杀虫蛋白能够抑制昆虫肠道内的丝氨酸蛋白酶(如胰蛋白酶等),降低昆虫肠道的消化能力,使昆虫进食后消化受阻,从而导致昆虫死亡。为了检验AMEP蛋白是否也是作为胰蛋白酶抑制剂而实现杀虫效果,我们通过BAPNA法测定了其对胰蛋白酶活性的影响。结果发现，AMEP蛋白不能降低胰蛋白酶的活性。与之相反,我们发现AMEP蛋白反而可能受到了胰蛋白酶的破坏。

AMEP蛋白与胰蛋白酶进行混合后,经试验检测胰蛋白酶活性未发生显著变化,反而,两者混合后很快出现可见沉淀(图3.12),由此判定AMEP蛋白被胰蛋白酶消化出现变性。接下来,对AMEP蛋白的氨基酸序列进行分析,发现在76个氨基酸序列中存在多个胰蛋白酶切割位点

（K），见图3.13。这说明AMEP蛋白极易被胰蛋白酶降解。此外，AMEP蛋白中疏水氨基酸达到了50%（76个氨基酸中的38个），被胰蛋白酶降解的片段多为疏水肽段，由此迅速发生可见沉淀。

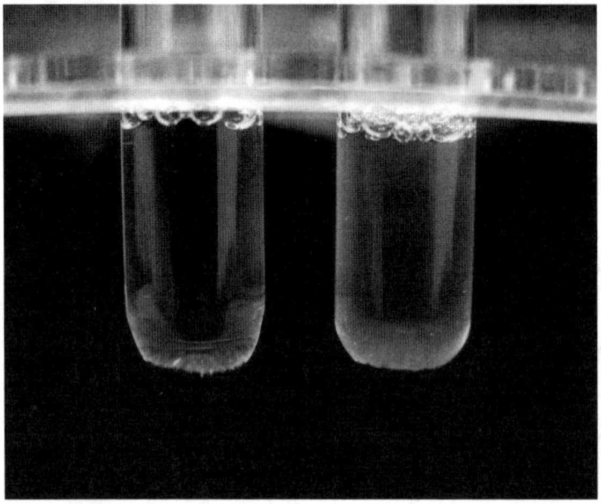

图 3.12 AMEP 蛋白与 Trypsin 互作产生沉淀

Figure 3.12Precipitation in the interaction of AMEP and Trypsin

图 3.13　AMEP 蛋白的氨基酸序列及酶切位点

Figure 3.13　The a mino acid sequence analysis of AMEP

由上可见，AMEP蛋白具有高度热稳定性，且对自然降解不敏感，但是对胰蛋白酶非常敏感。对AMEP蛋白稳定性的了解有助于我们摸索AMEP蛋白的最佳施用条件，也为AMEP蛋白的作用机制提供了线索。

（三）AMEP 蛋白定位于白粉虱肠道内

本实验通过FITC对AMEP蛋白进行标记，饲喂白粉虱成虫后，使用荧光显微镜进行观察。结果显示（图3.14），绿色荧光主要集中在白粉虱肠道内，这说明AMEP蛋白能够被白粉虱吸食入体内，并最终定为在肠道。这个结果提示我们，AMEP蛋白的杀虫活性的发挥是在昆虫肠道内完成的。在昆虫肠道细胞内含有大量的丝氨酸蛋白酶（如胰蛋白酶），有一些杀虫蛋白的作用机理是作为丝氨酸蛋白酶抑制剂抑制丝氨酸蛋白酶的活性，使昆虫消化功能出现障碍进而导致死亡[49-51]。但是本研究中已经证明AMEP蛋白对胰蛋白酶活性并无抑制作用，这说明AMEP蛋白的功能发挥是依赖其他作用途径。

图 3.14　AMEP 蛋白在白粉虱成虫体内的定位

Figure 3.14　The fluorescent localization of AMEP in B. tabaci body

（四）AMEP 蛋白的作用机制推测

除了作为丝氨酸蛋白酶抑制剂的这一类杀虫蛋白，还有一类具有代表性的杀虫蛋白，就是苏云金芽胞杆菌分泌的Cry毒素（Bt蛋白）。这一类蛋白在昆虫体外时并无杀虫活性，当进入到昆虫肠道内之后，其全长蛋白会被昆虫肠道内的丝氨酸蛋白酶分解为具有毒性的小片段多肽。由于这些多肽具有疏水特性，会自发插入到昆虫肠道上皮细胞的细胞膜中，造成细胞膜形成孔洞，引发细胞内容物释放，最终引起细胞坏死和昆虫死亡[52-53]。对氨基酸序列进行分析，发现AMEP蛋白存在大量疏水性氨基酸，本应不溶于水性环境中。但是在上文中提到，AMEP蛋白以多聚体形式存在，疏水侧链会被包埋在多聚体内部，多聚体表面为亲水氨基酸，能够溶解于水性环境中（图3.15）。当AMEP蛋白进入到白粉虱肠道内，会遇到丝氨酸蛋白酶（如胰蛋白酶）。由于AMEP蛋白中存在大量的胰蛋白酶切割位点，会被胰蛋白酶逐渐分解，释放出大量短肽（图3.13）。这些短肽大多会形成α螺旋的二级结构，且具有疏水氨基酸侧面。经推测，这些插入到昆虫肠道细胞的细胞膜中，造成细胞膜穿孔引发内容物释放和细胞坏死，导致昆虫死亡。

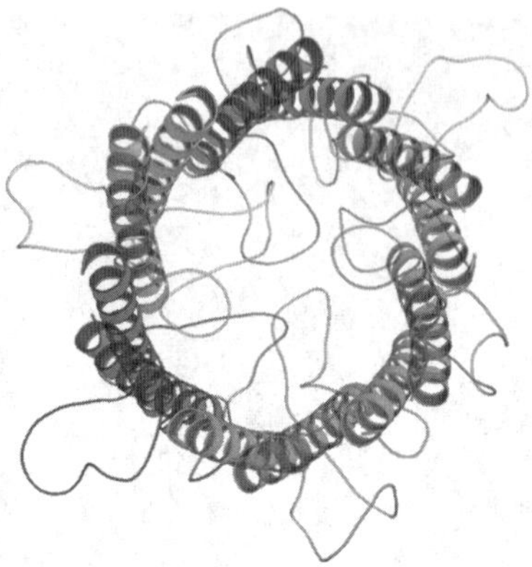

图 3.15 AMEP 蛋白形成六聚体的假想图
Figure 3.15 The hypothesis map of AMEP hexamer

第三节 本章小结

通过人工饲喂的方式测试了AMEP蛋白对白粉虱成虫的杀伤效果。实验结果表明，AMEP蛋白的半数致死浓度LC50值为15.57 μg/mL。63.27 μg/mL的AMEP蛋白能够造成90%的致死率。AMEP蛋白具有热稳定性,在95 ℃处理24 h和48 h后均具有高度活性。AMEP蛋白具有耐自然降解的特性,室温放置两天后仍能保持大部分(75%)活性。但是AMEP蛋白对胰蛋白酶敏感,能够迅速被胰蛋白酶切割降解。荧光定位发现AMEP蛋白能够被白粉虱取食进入体内,定位在肠道内。根据AMEP蛋白的疏水氨基酸分布和酶切位点,综合以上信息,推测AMEP蛋白进入肠道内,被胰蛋白酶降解成为具有疏水侧面的α螺旋结构的肽段,插入肠道上皮细胞的细胞膜中,造成细胞膜穿孔和内容物释放,引起细胞坏死和昆虫死亡。

参考文献

[1] Díez-Navajas A M, Wiedemann-Merdinoglu S, Greif C, et al. Nonhost versus host resistance to the grapevine downy mildew, plasmopara viticola, studied at the tissue level[J]. Phytopathology, 2008, 98(07): 776–780.

[2] Pieterse C M, Leon-Reyes A, Van der E S, et al. Networking by small-molecule hormones in plant immunity[J]. Nature Chemical Biology, 2009, 5(05): 308–316.

[3] Dodds P N, Rathjen J P. Plant immunity: towards an integrated view of plant-pathogen interactions[J]. Nature Reviews Genetics, 2010, 11(08): 539–548.

[4] Bruce T J, Pickett J A. Plant defence signalling induced by biotic attacks[J]. Current Opinion in Plant Biology, 2007, 10(04): 387–392.

[5] Mishra A K, Sharma K, Misra R S. Elicitor recognition, signal transduction and induced resistance in plants[J]. Journal of Plant Interactions, 2012, 7(02): 95–120.

[6] Wang J Y, Cai Y, Gou J Y, et al. VdNEP, an elicitor from Verticillium dahliae, induces cotton plant wilting[J]. Applied and Environmental Microbiology, 2004, 70(08): 4989–4995.

[7] Miyata K, Miyashita M, Nose R, et al. Development of a colorimetric assay for determining the amount of H_2O_2 generated in tobacco cells in response to elicitors and its application to study of the structure-activity relationship of flagellin-derived peptides[J]. Bioscience Biotechnology and Biochemistry, 2006, 70(09): 2138–2144.

[8] Wang B, Yang X, Zeng H, et al. The purification and characterization of a novel hypersensitive-like response-inducing elicitor from Verticillium dahliae that induces resistance responses in tobacco[J]. Applied Microbiolology and Biotechnology, 2012, 93(01): 191–201.

[9] Yano A, Suzuki K, Uchimiya H, et al. Induction of hypersensitive cell death by a fungal protein in cultures of tobacco cells[J]. Molecular Plant-Microbe Interactions, 1998, 11(02): 115–123.

[10] Durrant W E, Dong X. Systemic acquired resistance[J]. Annual Review of Phytopathology, 2004, 42: 185–209.

[11] Garcia-Brugger A, Lamotte O, Vandelle E, et al. Early signaling events induced by elicitors of plant defenses[J]. Molecular Plant-Microbe Interactions, 2006, 19(07): 711-724.

[12] Che F S, Nakajima Y, Tanaka N, et al. Flagellin from an incompatible strain of Pseudomonas avenae induces a resistance response in cultured rice cells[J]. Journal of Biological Chemistry, 2000, 275: 32347-32356.

[13] Wei Z M, Laby R J, Zumof C H, et al. Harpin, elicitor of the hypersensitive response produced by the plant pathogen Erwinia amylovora[J]. Science, 1992, 257: 85-88.

[14] Hanania U, Avni A. High afnity binding site for ethylene-inducing xylanase elicitor on Nicotiana tabacum membranes[J]. Plant Journal, 1997, 12: 113-120.

[15] Basse C W, Fath A, Boller T. High afnity binding of a glycopeptide elicitor to tomato cells and microsomal membranes and displacement by specifc glycan suppressors[J]. Journal of Biological Chemistry, 1993, 268: 14724-14731.

[16] Ricci P, Bonnet P, Huet J C, et al. Structure and activity of proteins from pathogenic fungi Phytophthora eliciting necrosis and acquired resistance in tobacco[J]. European Journal of Biochemistry, 1989, 183: 555-563.

[17] Ongena M, Jourdan E, Adam A, et al. Surfactin and fengycin lipopeptides of Bacillus subtilis as elicitors of induced systemic resistance in plants[J]. Environmental Microbiology, 2007, 9(04): 1084-1090.

[18] Wang N, Liu M, Guo L, et al. A novel protein elicitor (PeBA1) from Bacillus amyloliquefaciens NC6 induces systemic resistance in tobacco[J]. International Journal of Biological Sciences, 2016, 12(06): 757-767.

[19] Zhang Y, Yan X, Guo H, et al. A novel protein elicitor BAR11 from Saccharothrix yanglingensis Hhs.015 improves plant resistance to pathogens and interacts with catalases as targets[J]. Frontiers in Microbiology, 2018, 9: 700.

[20] Koch E, Slusarenko A. Arabidopsis is susceptible to infection by a downy mildew fungus[J]. Plant Cell, 1990, 2(05): 437-445.

[21] Torres M A, Jones J D, Dangl J L. Reactive oxygen species signaling in response to pathogens[J]. Plant Physiology, 2006, 141: 373-378.

[22] Thordal-Christensen H, Zhang Z, Wei Y, et al. Subcellular localization of H_2O_2 in plants. H_2O_2 accumulation in papillae and hypersensitive response during the barley-powdery mildew interaction[J]. Plant Journal, 1997, 11(06): 1187-1194.

[23] Doke N. Generation of superoxide anion by potato tuber protoplasts during the hypersensitive response to hyphal wall components of Phytophthora infestans and specific inhibition of the reaction by suppressors of hypersensitivity[J]. Physiology Plant Pathology, 1983, 23(03): 359-367.

[24] Hano C, Addi M, Fliniaux O, et al. Molecular characterization of cell death induced by a compatible interaction between Fusarium oxysporum f. sp. linii and flax (Linum usitatissimum) cells[J]. Plant Physiology Biochemistry, 2008, 46(5-6): 590-600.

[25] Atkinson M M, Keppler L D, Orlandi E W, et al. Involvement of plasma membrane calcium influx in bacterial induction of the K+/H+ and hypersensitive responses in tobacco[J]. Plant Physiology, 1990, 92(01): 215-221.

[26] Mao J, Liu Q, Yang X, et al. Purification and expression of a protein elicitor from Alternaria tenuissima and elicitor-mediated defence responses in tobacco[J]. Annals of Applied Biology, 2010, 156(03): 411-420.

[27] Zhang Y, Yang X, Liu Q, et al. Purification of novel protein elicitor from Botrytis cinerea that induces disease resistance and drought tolerance in plants[J]. Microbiol Research, 2010, 165(02): 142-151.

[28] Dangl J L, Jones J D. Plant pathogens and integrated defence responses to infection[J]. Nature, 2001, 411(6839): 826-833.

[29] Chisholm S T, Coaker G, Day B, et al. Host-microbe interactions: shaping the evolution of the plant immune response[J]. Cell, 2006, 124(04): 803-814.

[30] Bu B, Qiu D, Zeng H, et al. A fungal protein elicitor pevd1 induces verticillium wilt resistance in cotton[J]. Plant Cell Reports, 2013, 33(03): 461-470.

[31] Spoel S H, Dong X. Making sense of hormone crosstalk during plant immune responses[J]. Cell Host Microbe, 2008, 3(06): 348-351.

[32] Yang Y X, Ahammed G J, Wu C, et al. Crosstalk among jasmonate, salicylate and ethylene signaling pathways in plant disease and immune responses[J]. Current Protein and Peptide Science, 2015, 16(05): 450-461.

[33] Spoel S H, Koornneef A, Claessens S M, et al. NPR1 modulates cross-talk between salicylate-dependent and jasmonate-dependent defense pathways through a novel function in the cytosol[J]. Plant Cell, 2003, 15(03): 760–7701.

[34] Byrne D N, Bellows T S J. Whitefly biology[J]. Annual Review of Entomology, 1991, 36: 431–457.

[35] Reitz S R. Invasion of the whiteflies[J]. Science, 2007, 318: 1733–1734.

[36] Navas-Castillo J, Fiallo-Olivé E, Sánchez-Campos S. Emerging virus diseases transmitted by whiteflies[J]. Annual Review of Phytopathology, 2011, 49: 219–248.

[37] Wang Z, Yao M, Wu Y. Cross-resistance, inheritance and biochemical mechanisms of imidacloprid resistance in B biotype Bemisia tabaci[J]. Pest Management Science, 2009, 65: 1189–1194.

[38] Luo C, Jones M, Devine G, et al. Insecticide resistance in Bemisia tabaci biotype Q (Hemiptera: Aleyrodidae) from China[J]. Crop Protection, 2010, 29: 429–434.

[39] Houndété T A, Kétoh G K, Hema O S, et al. Insecticide resistance in field populations of Bemisia tabaci (Hemiptera: Aleyrodidae) in West Africa[J]. Pest Management Science, 2010, 66: 1181–1185.

[40] Vassiliou V, Emmanouilidou M, Perrakis A, et al. Insecticide resistance in Bemisia tabaci from Cyprus[J]. Insect Science, 2011, 18: 30–39.

[41] Kontsedalov S, Abu-Moch F, Lebedev G, et al. Bemisia tabaci biotype dynamics and resistance to insecticides in Israel during the years 2008–2010[J]. Journal of Integrative Agriculture 2012,11: 312–320.

[42] Das S. A mannose binding lectin from leaves of Allium sativum effective against whitefly, and process for its preparation [J]. Indian patent, 2009: 228783.

[43] Jin S, Zhang X, Daniell H. Pinellia ternata agglutinin expression in chloroplasts confers broad spectrum resistance against aphid, whitefly, Lepidopteran insects, bacterial and viral pathogens[J]. Plant Biotechnology Journal, 2012, 10: 313–327.

[44] Shukla A K, Upadhyay S K, Mishra M, et al. Expression of an insecticidal fern protein in cotton protects against whitefly[J]. Nature Biotechnology,

2016, 34: 1046–1051.

[45] Shen Y, Li J, Xiang J, et al. Isolation and identification of a novel protein elicitor from a Bacillus subtilis strain BU412[J]. AMB Express, 2019, 9: 117.

[46] Upadhyay S K, Chandrashekar K, Thakur N, et al. RNA interference for the control of whiteflies (Bemisia tabaci) by oral route[J]. Journal of Bioscience, 2011, 36: 153–161.

[47] Blackburn M B, Domek J M, Gelman D B, et al. The broadly insecticidal Photorhabdus luminescens toxin complex a (Tca): Activity against the Colorado potato beetle, Leptinotarsa decemlineata, and sweet potato whitefly, Bemisia tabaci[J]. Journal of Insect Science, 2005, 5: 32.

[48] Erlanger B, Kokowsky N, Cohen W. The preparation and properties of two new chromogenic substrates of trypsin[J]. Archives of Biochemistry and Biophysics, 1961, 95: 271–278.

[49] Macedo M L, Durigan R A, Da–Silva D S, et al. Adenanthera pavonina Trypsin inhibitor retard growth of Anagasta kuehniella (Lepidoptera: Pyralidae)[J]. Archives of Insect Biochemistry and Physiology, 2010, 73: 213–231.

[50] Macedo M L, Freire M D, Franco O L, et al. Practical and theoretical characterization of Inga laurina Kunitz inhibitor on the control Homalinotus coriaceus[J]. Comparative Biochemistry and Physiology Part B: Biochemistry and Molecular Biology, 2011, 158: 164–172.

[51] Saadati F, Bandani A. Effects of serine protease inhibitors on growth and development and digestive serine proteinases of the Sunn pest, Eurygaster integriceps[J]. Journal of Insect Science, 2011, 11: 1–12.

[52] Aronson A I, Shai Y, Why *Bacillus thuringiensis* insecticidal toxins are so effective: unique features of their mode of action[J]. FEMS Microbiology Letters, 2001, 195: 1–8.

[53] Bravo A, Gill S S, Soberón M.*Bacillus thuringiensis* Mechanisms and Use In: Comprehensive Molecular Insect Science. Elsevier BV[J]. Amsterdam, 2005: 175–206.

第四章

AMEP 蛋白活性优化

前文中，我们分离鉴定了多功能蛋白AMEP，并对其功能进行了多方面的挖掘。结果显示，AMEP蛋白能够与各个物种的细胞膜发生相互作用。在众多的功能中，AMEP蛋白与植物、病原菌、有害昆虫的细胞膜的相互作用能够在应用环境中有机的结合到一起，即作为蛋白质生物农药对植物进行喷施，在提高植物自身免疫的同时还能兼顾对种植环境中的病原菌和有害昆虫的防治。由此可见，AMEP适用于以蛋白质生物农药的形式应用于农作物生产中，尤其是以大棚种植为宜。

然而，从蛋白到生物制剂仍然具有一段距离，我们要考虑蛋白质分子在制备和施用环节中活性是否能够一直保持[1-3]。由于AMEP蛋白是以多聚体形式存在，其与细胞膜的作用是否依赖于多聚体，仍有待研究。此外，在制备成农药制剂的过程中，一些外来添加剂（如尿素、有机硅、pH）的加入，是否会对其功能活性产生影响，也需要进行试验。

在本部分章节中，我们通过Fe^{2+}对AMEP蛋白的聚合状态进行筛选，测定不同聚合状态下该蛋白激发免疫的功能活性，还对AMEP蛋白溶液中的尿素、有机硅、pH等条件进行调整优化，保证AMEP蛋白功能活性的最大发挥，以有利于其在并通过过敏反应实验和灰霉抗病实验确定Fe^{2+}对AMEP蛋白影响作用，为Fe^{2+}与AMEP蛋白的混合使用提供理论依据。

第一节 材料与方法

一、实验材料

实验所用的菌株为枯草芽孢杆菌BU412保存于中国典型培养物保藏中心(CCTCC M2016142),用于提取制备AMEP蛋白。烟草植株(*Nicotiana tabacum*)用于过敏反应实验,本氏烟(*Nicotiana benthamiana*)用于灰霉菌接病实验。灰霉菌株Botrytis cinerea为本试验室保存。主要试剂包括:YME培养基、有机硅、低盐缓冲液20 mm Tris-HCl(pH 7.5)、高盐缓冲液20 mM Tris-HCl 1M NaCl(pH 7.5)、PDA琼脂培养基。

二、AMEP 蛋白的制备

将枯草芽孢杆菌BU412的单菌落接种至100 mL的YME液体培养基中,在32 ℃、160 rpm培养12 h作为种子液。将3 mL种子液接种于300 mL的YME液体培养基中,在32 ℃、160 rpm条件下培养22 h。将发酵液取出, 16 000 × g离心30 min后收集上清液,通过0.22 μM的滤膜过滤,用于后续的纯化。用低盐缓冲液预平衡AKTA蛋白纯化系统,将上清液上样加入到5 ML的Hitrap Q hp的阴离子交换柱。使用低盐缓冲液平衡后,提高盐浓度进行洗脱,使用高盐缓冲液以1 mL/min的流速从40%浓度梯度进行洗脱,收集洗脱样品。将洗脱样品通过截留孔径为30 kDa的Amicon超滤管,使用低盐缓冲液进行多次缓冲液替换,并收集浓缩部分。通过Nanodrop进行蛋白质浓度测定,并将蛋白质最终浓度调整至1 mg/mL,用于后续的功能活性实验。

三、AMEP 蛋白进行条件处理

(1)Fe^{2+}

配制2 g/L的硫酸亚铁溶液(①号溶液),并对其稀释10倍(②号溶液)和100倍(③号溶液)。取100 μL, 1 mg/mL蛋白溶液分别与

0.4 mL①②③号溶液混合，分别得到0.5 mL含低、中、高浓度的亚铁离子的蛋白溶液。

（2）有机硅

将纯化后的1 mg/mL的AMEP用低盐溶液稀释，与有机硅混合，分别配成1/1 250、1/2 500、1/5 000、1/7 500、1/10 000的有机硅与AMEP的混合溶液。

（3）尿素

配制5 g/L的尿素溶液（①号溶液），并对其稀释10倍（②号溶液）和100倍（③号溶液）。取100 μL，1 mg/mL蛋白溶液分别与400 μL①②③号溶液混合，分别得到0.5 mL含低、中、高浓度尿素的蛋白溶液。

（4）pH

将纯化后1 mg/mL的AMEP蛋白分成6个离心管中，通过Tris和Mes缓冲液加入一定量的NaOH溶液和HCL溶液调整pH，并用pH计测定，使6个离心管的溶液里的pH值分别为10、9、8、7、6、5。

（5）磷酸二氢钾

配制2 g/L的磷酸二氢钾溶液（①号溶液），并对其稀释10倍（②号溶液）和100倍（③号溶液）。取100 μL，1 mg/mL蛋白溶液分别与400 μL①②③号溶液混合，分别得到0.5 mL含低、中、高浓度磷酸二氢钾的蛋白溶液。

四、过敏反应

选用同等生长状况的烟草叶片，使用无针头注射器将上述不同聚合程度的蛋白溶液渗透到叶片中，覆盖1 cm^2。以不加入硫酸亚铁的同等浓度的蛋白溶液为对照，于24 h、36 h后，在渗透区检查症状坏死情况。

五、灰霉发病实验

首先使用AMEP蛋白处理烟草叶片诱导抗性，准备培养六周的本氏烟草叶片，选用合理浓度的有机硅与0.05 mg/mL的AMEP蛋白进行混合后喷施叶片，使用低盐缓冲液喷施作为对照。叶片保湿培养两天后，进行灰霉菌接种。选用PDA琼脂培养基对灰霉进行培养。灰霉菌长至7

天，将培养基中的灰霉菌用打孔器切割为大小均一的灰霉菌块，将灰霉菌生长面与烟草叶面相接触，接种后的叶片保湿培养三天后进行观察[4]。

第二节 结果与分析

一、Fe^{2+} 对 AMEP 蛋白聚合状态及活性的影响

在前期预实验中，我们发现硫酸亚铁能够改变AMEP蛋白的聚合状态。在本实验中，我们通过设置Fe^{2+}的浓度梯度，对AMEP蛋白的聚合度进行了调整。如图4.1所示，当铁离子浓度分别为0 mg/mL（对照）、0.02 mg/mL（低浓度）、0.2 mg/mL（中浓度）、2 mg/mL（高浓度）时，AMEP蛋白的洗脱峰在分子筛上的流出体积逐渐减小，说明其聚合程度逐渐增大。由此，可以判断，我们通过调整Fe^{2+}的浓度梯度，实现了对AMEP蛋白聚合程度的控制。

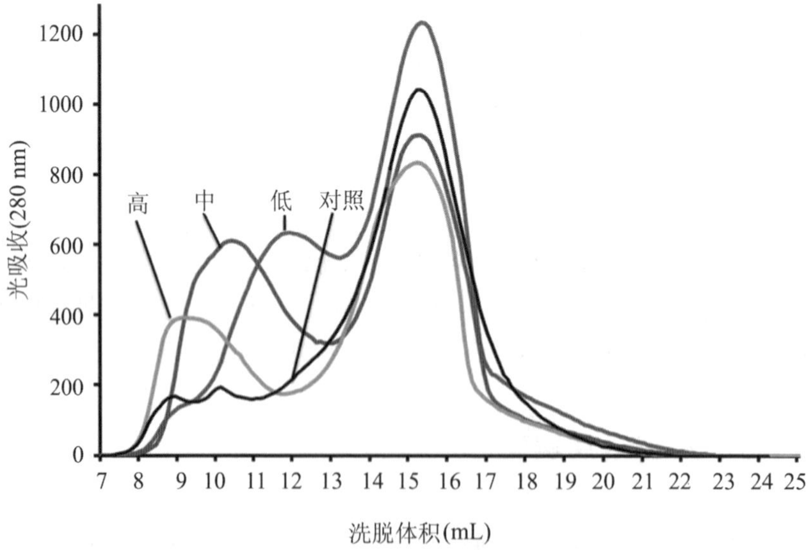

图 4.1 Fe^{2+} 对 AMEP 蛋白聚合度的影响

Figure 4.1 The effect of Fe^{2+} on the polymerization status of AMEP protein

随后，我们通过三种浓度梯度的Fe^{2+}，与AMEP蛋白进行混合后进行烟草叶片的过敏反应实验，结果发现如图4.2所示：A为对照，即不加入Fe^{2+}，仅使用蛋白溶液；B为低浓度组，即Fe^{2+}浓度为1×10^{-3} mol/mL的蛋白溶液；C为中浓度组，即Fe^{2+}浓度为1×10^{-2} mol/mL的蛋白溶液；D为高浓度组，即Fe^{2+}浓度为1×10^{-1} mol/mL的蛋白溶液。结果显示低浓度Fe^{2+}组的透明圈最大，说明此区域的过敏反应最强烈，即含该浓度Fe^{2+}的AMEP蛋白活性最强；而高浓度组的透明圈比不加入Fe^{2+}的对照组还小，即说明该区域过敏反应较对照组弱，即高浓度的Fe^{2+}能抑制AMEP蛋白活性。

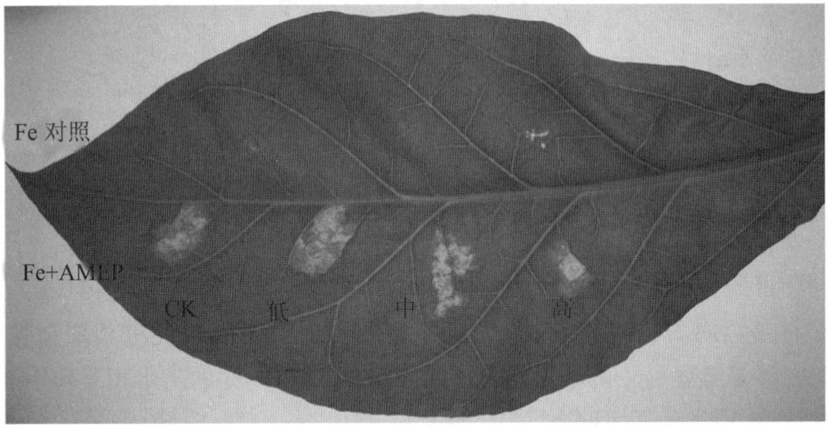

图 4.2 硫酸亚铁处理 AMEP 蛋白诱导烟草叶片过敏反应

Figure 4.2 $FeSO_4$ treated AMEP protein induces hypersensitive reaction in tobacco leaves

如图4.3所示，对照组为在叶片上涂抹低盐溶液后接种灰霉，处理组为在叶片上涂抹不含Fe^{2+}的蛋白溶液后接种灰霉，低Fe^{2+}组为在叶片上涂抹含低浓度Fe^{2+}的蛋白后接种灰霉，中Fe^{2+}组为在叶片上涂抹含中浓度Fe^{2+}的蛋白后接种灰霉，高Fe^{2+}组为在叶片上涂抹含高浓度Fe^{2+}的蛋白后接种灰霉。结果显示：没有蛋白涂抹的对照组叶片透明圈最大，即灰霉侵染得最严重，处理组由于使用了蛋白溶液涂抹，进而增强了叶片的抗病性，透明圈显著缩小。低Fe^{2+}组没有透明圈，即暂时没有被灰霉侵染，说明低浓度Fe^{2+}增强了蛋白的活性。高Fe^{2+}组的透明圈比处理组的大而又比对照组的小，说明高浓度Fe^{2+}并不能增强蛋白的活性，反而会使蛋白溶液活性受到抑制。

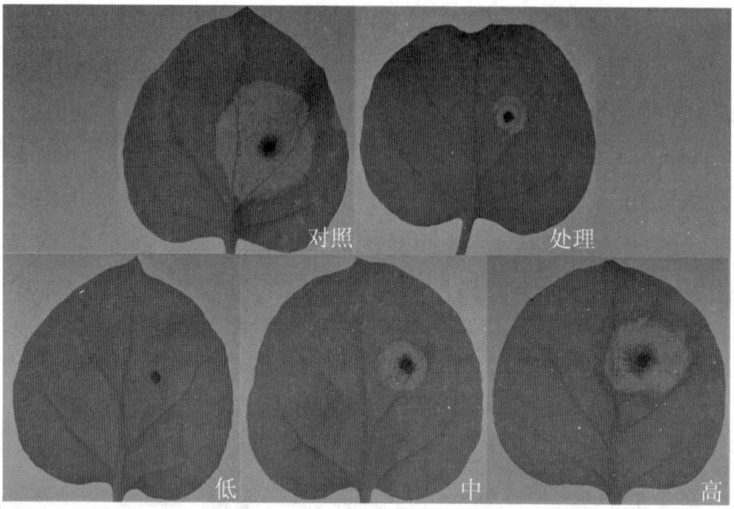

图 4.3 Fe^{2+} 处理后 AMEP 蛋白诱导烟草叶片过敏反应

Figure 4.3 Fe^{2+} treated AMEP protein induces anaphylaxis in tobacco leaves

亚铁离子改变AMEP蛋白聚合有三种可能：第一种是二价阳离子与邻近的带负电的基团或羧基结合形成“蛋白-Ca-蛋白”聚合体[5]；第二种是金属离子的加入，降低蛋白分子间的静电斥力，促进其聚合[6]；第三种是金属离子诱导蛋白分子结构的改变，分子间的疏水相互作用随之改变，诱导分子间聚合[7]。

本次实验主要研究Fe^{2+}浓度对AMEP蛋白活性的影响，通过使用含不同浓度Fe^{2+}的蛋白溶液处理烟草叶片，并分别从过敏反应活性、灰霉抗性两个方面对烟草进行检测。从实验结果可以看出低浓度的Fe^{2+}会增强AMEP蛋白的过敏反应活性，以及对灰霉病的抗性。高浓度Fe^{2+}则会稍微减弱AMEP蛋白的活性。谢秀玲[5]发现不同离子浓度会诱导蛋白质形成不同聚合物。当蛋白与金属离子的摩尔比是1:1时，聚合作用最强，二聚体含量最多。有研究报道，1个蛋白分子含有1个游离的巯基，当巯基氧化后，可结合1个金属离子，金属离子进而催化其形成聚合体[8]。因此，1:1是最佳的金属离子和蛋白的摩尔比。本实验据此设置对应浓度Fe^{2+}（即低浓度）与AMEP蛋白进行结合，并在此基础上又设置了两个Fe^{2+}浓度（即中浓度和高浓度），最终结果表明低浓度Fe^{2+}会加强AMEP活性可能是因为此浓度的Fe^{2+}使AMEP蛋白形成了更多的适宜其发挥蛋白性能的多聚体，即保存其能更好地保存酶解位点使其不易被酶分解又能很好地发挥其性能的中间状态。

二、有机硅对 AMEP 蛋白功能的影响

本次实验分别用1/1 250、1/2 500、1/5 000、1/7 500、1/10 000的有机硅和有机硅与AMEP的混合溶液通过无针注射器注射，将溶液渗透到烟草叶片背面中，从图4.4中可以看出AMEP与有机硅混合液可以使叶面发生过敏反应，产生叶片坏死症状。比较坏死症状严重程度发现，与对照相比，有机硅浓度从1/10 000到1/5 000，过敏反应症状都有明显提升，而有机硅浓度超过1/5 000以后，在1/2 500和1/1 250的浓度下，过敏反应症状开始减弱。这说明高浓度的有机硅会对AMEP蛋白的过敏反应活性产生抑制作用。

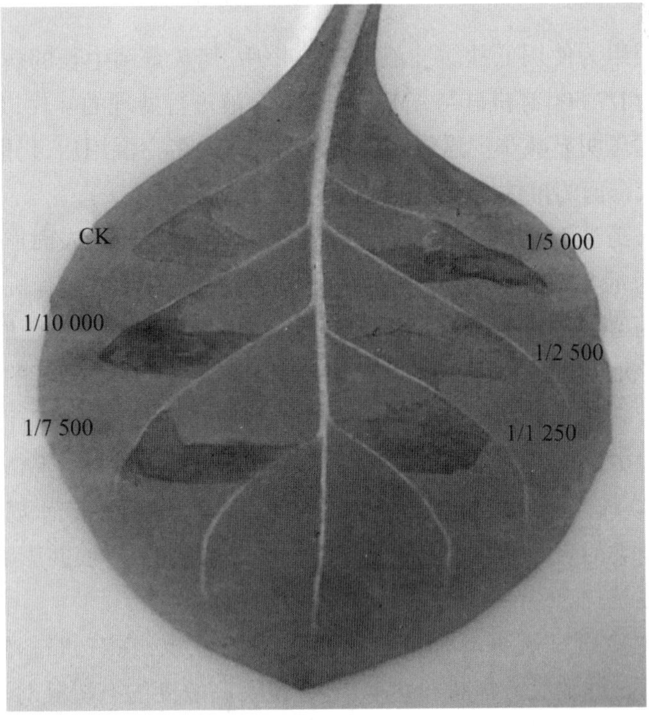

图 4.4　不同浓度的有机硅对 AMEP 蛋白过敏反应活性的影响

Figure 4.4　Influence of different concentration of organosilicon on the activity of AMEP

本研究通过灰霉菌接病实验检测了有机硅与AMEP蛋白混用是否能够提高烟草对灰霉菌的抗性。首先使用蛋白处理烟草叶片进行抗性诱导，两天后接种灰霉菌菌块进行发病，三天后观测，结果如图4.5所示。

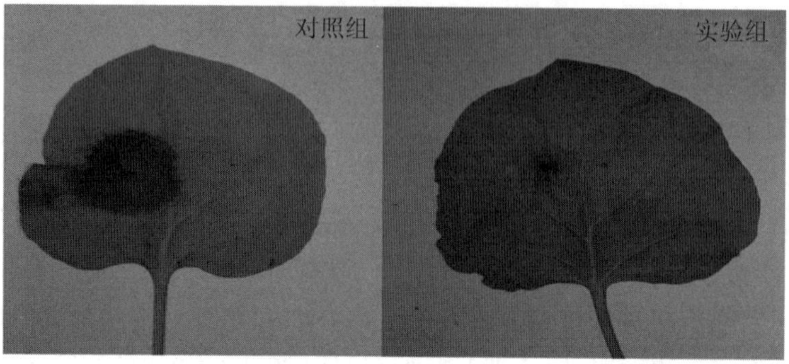

图 4.5 AMEP 蛋白和有机硅混用提高烟草对灰霉菌的抗性

Figure 4.5 The mixed usa ge of AMEP and organosilicon promoted the resistance of tobacco against Botrytis cinerea

对照组为使用低盐缓冲液处理的叶片，其灰霉菌生长的病斑较大；实验组为1/7 500有机硅与AMEP蛋白混合液进行处理的叶片，其灰霉菌生长的病斑明显减小。这说明有机硅与AMEP蛋白混用后，仍能够提升烟草对灰霉菌的抗性。

在农药喷施时，如果制剂水性太强则会在植物叶片表面形成液滴，不利于药剂与植物表面的结合作用。添加表面活性剂如有机硅，可以扩大农药雾滴的覆盖面积和缩短雾滴的蒸发时间，提高农药的施药效率[9]。有机硅主要用于农药、除草剂、生长调节剂和叶面肥等的助剂[10]，改善药液在植物叶面或防治对象表面上的分布、附着、渗透等[11]。在以往的实验中发现蛋白质在表面活性剂中可以保持活性[12]，但AMEP蛋白为多聚体，疏水侧链被包埋在多聚体内部，多聚体表面为亲水氨基酸，加入有机硅类的表面活性剂是否会改变AMEP蛋白的结构，并影响蛋白的功能活性，是本部分研究的重点。

本实验通过烟草叶片的过敏反应实验发现，在有机硅浓度超过1/5 000后，过敏反应症状开始减轻，这说明高浓度的有机硅对AMEP的过敏反应活性有抑制作用。而在有机硅浓度低于1/5 000时，AMEP蛋白能够诱发明显的过敏反应症状，说明控制有机硅在适当浓度时不会影响AMEP蛋白的过敏反应活性。由此，我们可以得出结论，为了提高AMEP蛋白在施用中与植物叶片的作用效果，可以使用有机硅帮助液滴进行展开和渗透，但是要控制有机硅的浓度在合适的范围内，以避免对AMEP蛋白功能活性的抑制。由于过敏反应只是蛋白激发子引起植物早期防卫反应的一种标志特征，随后我们又进行了灰霉接病实验进一步验证了以上结论。从灰霉接病实验结果可以看出，喷施了1/7 500有机硅与AMEP混合液的烟草叶片能够显著提升烟草对灰霉菌的抗性，这说明有机硅与AMEP蛋白混用，能够引起植物抗性的提升，可以在今后的应用中进行混用。

AMEP蛋白是一个多聚体蛋白，其多聚体的维持依靠蛋白质内部疏水侧链的疏水相互作用，其多聚体的结构的完整性可能与其功能活性密切相关。有机硅的加入，会在结合到蛋白质多聚体内部的疏水部位，破坏其疏水作用，从而对蛋白质多聚体结构产生破坏，进而对其功能活性产生抑制。这也解释了为什么高浓度的有机硅会抑制AMEP的过敏反应活性。宋熙熙等[13]的研究中发现表面活性剂与蛋白质能够相互作用，而且这种相互作用非常复杂，可以导致蛋白质的构象变化甚至导致蛋白质变性。蛋白质与表面活性剂在很广的范围内都可以相互作用，而且它们的互作是随着表面活性剂的浓度变化而变化[14]。这一研究结论与本的实验结果相吻合，表面活性剂与蛋白质互作可以使蛋白质的结构发生改变，有助于蛋白质的聚集或者阻止蛋白质的聚集，而这些现象与表面活性剂的浓度相关联，也与表面活性剂的种类、和互作的环境相关[15]。Dickinson[16-17]提出了关于蛋白质与表面活性剂混合互作的界面吸附的两种机理。增溶机理和置换机理。增溶机理是表面活性剂与表面上分散着难溶的蛋白质分子接处同时相互作用形成蛋白质以及表面活性剂的复合物，使蛋白质分子变得易溶。置换机理是由于存在于分散着的蛋白质被表面活性剂置换了下来，同时表面活性剂还非常牢固地吸附于表面。所以有机硅表面活性剂在低浓度时不会对其结构产生明显的改变，而浓度过高时则会破坏蛋白的多聚体的状态，从而导致它失去过敏反应活性。而且有机硅表面活性剂因其特殊的分子结构还可以改善蛋白在植物叶面上的分布、附着、渗透等。

余杨等[18]在研究有机硅表面活性剂Tech-408和Fairland2408对农药雾滴在烟草叶片上覆盖面积的影响时发现，表面活性剂添加比例不同，其对农药雾滴覆盖面积的影响程度也明显不同，随着表面活性剂添加比例增大的同时农药雾滴的覆盖面积也会增大，从而可以提高农药的利用率减少农药的使用量，但与传统的化学农药不同的是AMEP是一种蛋白激发子而不是化学试剂，有机硅表面活性剂会与其相互作用，但有机硅表面活性剂在低浓度时不会对其结构产生明显的改变，因此加入的有机硅表面活性剂在浓度较低时，会因浓度的增大而使雾滴的覆盖面积增大，从而对AMEP的作用起到增强的效果，而浓度过高时则会破坏蛋白的多聚体的状态。所以加入的有机硅表面活性剂浓度较高时则会对AMEP的作用起到抑制的效果。

本研究通过烟草过敏反应症状和灰霉发病状况得出结论，不同浓度有机硅对AMEP蛋白功能活性的影响是不同的，浓度在1/5 000以下时AMEP的活性不受影响，而浓度超过1/5 000时会对蛋白的活性产生抑制作用。在实际应用当中AMEP蛋白可以与1/5 000浓度以下的有机硅混合使用，从而在不破坏AMEP蛋白活性的前提下提高制剂与叶片的接触效果。

三、尿素对 AMEP 蛋白功能的影响

以AMEP使烟草叶片发生过敏反应程度为参考指标，向烟草叶片注射不同浓度尿素与AMEP的混合溶液，从而确定尿素对AMEP溶液功能活性的影响。本次试验分别用0.05 mg/mL、0.5 mg/mL、5 mg/mL的尿素与AMEP蛋白混合，通过无针注射器注射到烟草叶片背面，相同尿素浓度溶液作为对照组，24 h后观察结果。从图4.6可以看出加入3个尿素浓度的AMEP均可使烟草叶片产生过敏反应，同等浓度尿素溶液的处理没有产生过敏反应。在本试验所设置的7个尿素浓度中，尿素浓度在0.05 mg/mL浓度范围内使烟草叶片发生过敏反应的效果最好。以0.5 mg/mL尿素浓度为起始，随着尿素浓度的增加，过敏反应程度逐渐减弱。

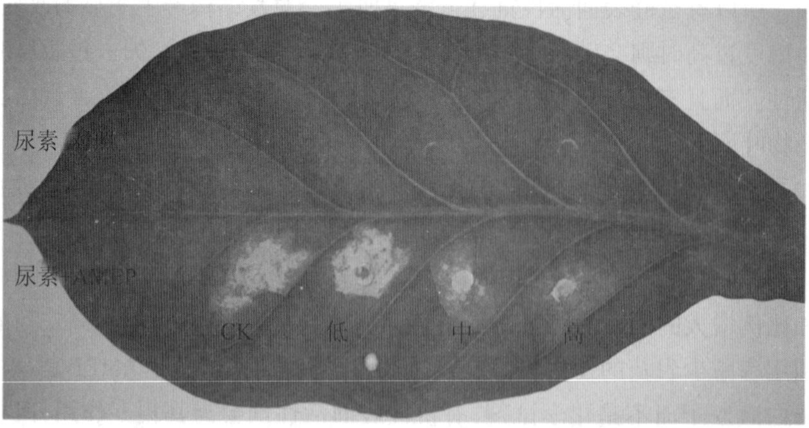

图 4.6 尿素处理 AMEP 蛋白后的烟草叶片过敏反应

Figure 4.6 Urea treated AMEP induced HR in tobacco leaves

以灰霉感染烟草叶片使烟草叶片发病为参考指标，通过喷洒尿素AMEP溶液，从而确定尿素AMEP溶液对烟草灰霉病的抑制作用。在确定0.05 mg/mL尿素AMEP溶液使烟草叶片过敏反应最为明显后，用0.05 mg/mL尿素AMEP溶液喷洒放有灰霉的烟草叶片，相同尿素浓度为对照组，72小时后得到如图4.7所示结果。由图4.7可以看出，喷洒尿素AMEP的烟草叶片没有被灰霉感染，喷洒同浓度尿素溶液的叶片被灰霉感染，说明AMEP对灰霉有抑制作用。

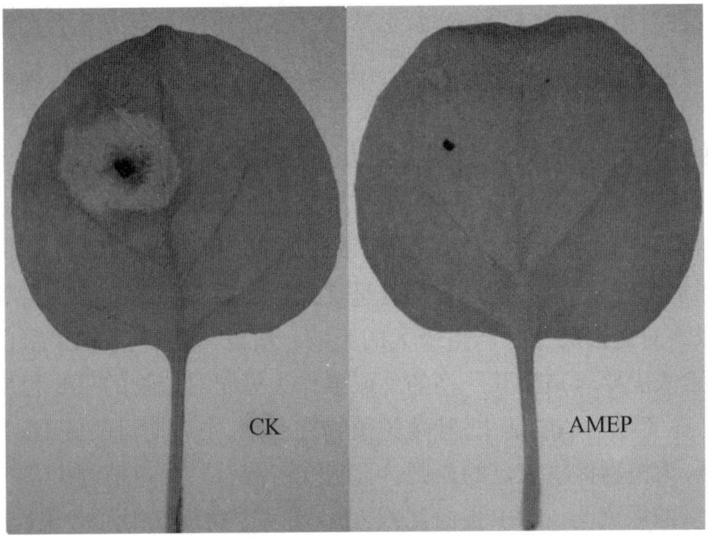

图4.7　AMEP蛋白和尿素混用提高烟草对灰霉菌的抗性

Figure 4.7　The mixed usa ge of AMEP and urea promoted the resistance of tobacco against Botrytis cinerea

为了节省施用环节的成本，AMEP蛋白制剂在应用时应考虑与叶面肥混用，是现阶段药肥一体化的趋势[19,20]。叶面肥是指向除作物根系以外的营养体表面施用肥料的措施，具有肥料利用效率高、用量少、便于喷施等特点[21,22]。尿素是叶面肥中的主要成分之一，不仅能够快速为植物提供氮源，还对表皮细胞的角质层有软化作用，有助于肥料吸收[23-25]。此外，尿素也是一种极性分子，是一种强力的蛋白质变性剂，它能改变蛋白质分子的空间结构，使蛋白质变性[26-29]。因此，在AMEP蛋白制剂与叶面肥混用过程中，尿素对蛋白质变性的影响必须要重点考虑，以确保AMEP蛋白的功能活性不受影响。

HR是细胞死亡的一种形式，属于植物早期的防卫反应，是用来检验蛋白激发子功能活性的常用方法。AMEP的功能活性通过烟草叶片发生过敏反应程度和灰霉发病程度可以得到尿素浓度对AMEP起显著作用。低浓度的尿素可促进AMEP的功能活性,高浓度的尿素会抑制AMEP的功能活性。尿素AMEP溶液喷洒放有灰霉的烟草叶片,从试验结果可以看出, AMEP对灰霉发病有抑制作用。说明AMEP具有触发植物防御反应诱导系统和增强植物对抗病害的功能,使植物健康生长。

从实验结果可以看出,尿素对AMEP蛋白具有影响作用,为了研究尿素变性对蛋白结构的影响,张忠慧[30]等人进行了大豆分离蛋白与低浓度尿素相互作用的红外光谱分析。结果表明,溶解在不同浓度尿素溶液中的大豆分离蛋白的二级结构与大豆分离蛋白的水溶液相比发生了很大的变化,在0.1 mol/L尿素溶液中大豆分离蛋白中的β-折叠的含量最小,随着尿素浓度的增加, β-折叠的含量增加,无规卷曲的含量在0.1 mol/L尿素溶液中达到最大,之后随尿素浓度增加而降低, α-螺旋和β-转角随着尿素浓度的增加,其含量都是呈现先增加后下降的趋势。这项研究表明尿素对蛋白的变性产生极大的影响。所以,尿素与AMEP蛋白配用时,尿素浓度要求是极其严格的。尿素作为氮肥对植物的重要程度毋庸置疑。在实际生产生活中,叶菜类植物在苗期、中后期可喷施1%~2%尿素溶液,为植物提供充足的氮肥,可防止叶片泛黄,加速植物生长[31]。所以,适量的尿素与AMEP蛋白制剂混用可以达到预期中的效果,最大程度的促使植物生长发育。

本次试验主要研究尿素对AMEP功能活性的影响,并分别从烟草叶片发生过敏反应程度和灰霉发病来分析。从试验结果可以看出,在试验设置的3个尿素浓度中,尿素浓度在0.05 mg/mL范围内烟草叶片发生过敏反应效果最好。从0.5 mg/mL开始,随着尿素浓度的增加, AMEP使烟草叶片发生过敏反应的程度减小。根据试验结果,我们判断尿素浓度增加后, AMEP发生了变性,使AMEP功能活性降低,从而减小过敏反应的程度。尹翠玉[8]等人在对大豆蛋白的脲变性及结构表征进行研究,研究发现不同浓度尿素使大豆蛋白变性的程度不同。研究结果与本次实验结果相符,说明AMEP具备蛋白质的共同性质,会与过高浓度的尿素发生脲变性。我们前期对AMEP的HR活性进行了探究,发现AMEP诱发HR所需的最低浓度为0.8 mg/mL。本试验中所用AMEP的浓度为0.05 mg/mL,此时AMEP仍可维持HR活性,说明尿素对AMEP功能活性有增强作用。

本研究首先通过单因素试验发现,低浓度的尿素不会影响AMEP的功能活性；而尿素浓度超过0.1 mg/mL，AMEP的功能活性则受到明显抑制。随后,本研究通过灰霉菌发病实验确认了0.05 mg/mL尿素处理的AMEP能够提高植物的抗病性。AMEP提高植物抗病性的机制有很多,但具体哪一种机制起主要作用目前尚无定论。AMEP对烟草灰霉病有抑制作用,对植物的健康有很大的影响。本研究确定AMEP可与0.05 mg/mL尿素配伍施用,为尿素与AMEP的共同施用提供了理论依据。也为将来AMEP用于植物病虫害防治提供了理论基础,进而提高AMEP的利用效率和研究范围。

四、pH 对 AMEP 蛋白功能的影响

以烟草叶片发生编程性死亡为参考指标,使用不同pH的AMEP蛋白溶液,通过过敏反应对其结果进行观察,从而确定AMEP蛋白生理活性的变化。

本次实验分别用pH值为10、9、8、7、6、5的AMEP蛋白溶液,通过无针注射器注射,将溶液渗透到烟草中得到如图4.8所示结果。从图4.8可以看出AMEP蛋白在pH值为7~8时对烟草过敏反应的活性最好。

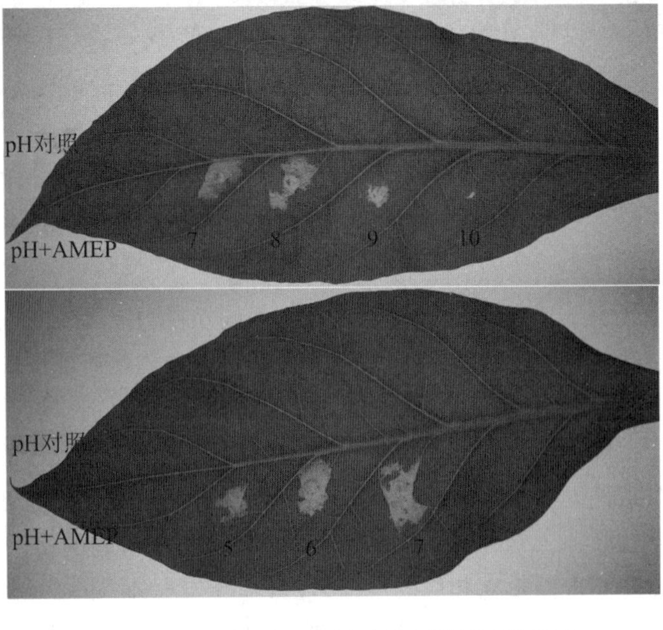

图 4.8　pH 对 AMEP 蛋白产生过敏反应的影响

以灰霉感染烟草叶片使烟草叶片发病程度为参考指标，通过喷洒不同pH值AMEP蛋白溶液，从而确定AMEP蛋白溶液对烟草灰霉病的抑制作用。

在确定pH值为7.5的AMEP蛋白溶液使烟草叶片过敏反应最为明显后，用pH值为7.5的AMEP蛋白溶液喷洒放有灰霉的烟草叶片，然后放上5 mm的灰霉，24 h后观察，得到如图4.9所示结果。由图4.9可以看出，对照的灰霉已经感染叶片，而pH为7.5的AMEP蛋白的烟草叶片没有太多变化，说明pH为7.5的AMEP蛋白能够提高烟草叶片对灰霉的抵抗作用。

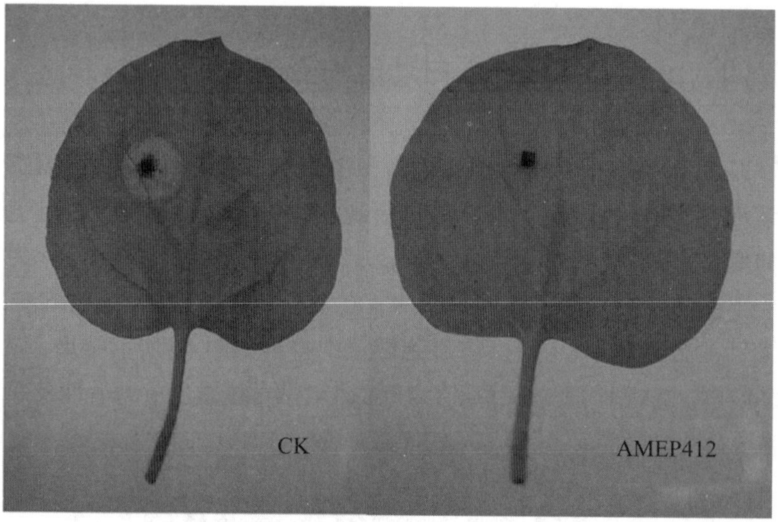

图 4.9 不同 pH 下 AMEP 蛋白提高烟草对灰霉菌的抗性

CK：喷洒pH为7.5的AMEP蛋白　处理：喷洒pH为5的AMEP蛋白

Figure 4.5 AMEP at different pH promoted the resistance of tobacco against Botrytis cinerea

综上所述，本次试验所设置的6个不同pH值中，最佳的pH值为7~8，烟草叶片发生过敏反应的程度最大，并可以抑制烟草叶片灰霉病的发生。

由于在使用生物农药的过程中，人们为了提高利用率，需要测定各种因素对某种生物农药的最适值。很多研究发现pH能改变蛋白质的酶活性，带电状态，二级结构等，比如有一研究表明在不同的pH 条件下，可以使氨基酸表面带有相应的电荷，且氨基酸与水分子的结合增加，从而逐渐增加蛋白质的溶解度。在碱性条件下，肽键断裂会影响大豆蛋白质的空间结构,从而导致高级结构改变。研究发现,在酸和碱过多的条件下,蛋白质的溶解度会随之增强,但其理化性质也会发生显著的变化;有多项研究发现pH对蛋白的溶解性和乳化性等功能特性具有显著的影响[32-33]。为了提高AMEP蛋白的活性,本实验设定不同pH来研究对AMEP蛋白的影响,最后测定出最适pH。将pH分别为10、9、8、7、6、5的AMEP蛋白溶液用无针注射器渗透到叶片中。通过设定过敏反应来完成测试,植物最常见的一种抗病表现形式就是过敏反应。它的特征是宿主组织被局部脆弱时导致感染宿主组织后,被侵染细胞的地方会变褐,周围的一部分细胞也因被侵染导致死亡,最终形成了枯斑,导致衰变的现象,从而阻止病菌的进一步向周围扩散。这种局部过敏反应能激发整个植株产生抗体相应抗体,从而保护整个植株。

本次试验主要研究pH对AMEP蛋白生理活性的影响,根据不同pH值的AMEP蛋白针管注射进烟草叶面后烟草叶面发病的情况,以及使用最佳pH值的AMEP蛋白质溶液喷洒在接种灰霉菌的烟草叶片上,观察灰霉菌在烟草叶片上的生长情况是否导致发病来分析。通过结果得出,当AMEP蛋白溶液在pH值为7~8时活性最强。氨基酸的带电情况取决于它在此环境中的pH值,pH值的改变可以影响氨基酸带正点荷或者是负点荷。当pH值比氨基酸的等电点较小时,氨基酸是带正电。当pH值比氨基酸的等电点较大时,氨基酸带负电。AMEP412蛋白是含有76个氨基酸残基的蛋白质,相对分子质量(MW)为8.36 kDa。此外,该蛋白还含有15.8%的赖氨酸、13.2%的丙氨酸和10.5%的亮氨酸。该蛋白有2个负电荷残基和12个正电荷残基,等电点达到10.05。本次的实验结果是pH值为7~8时,由于pH小于等电点,使得AMEP蛋白的周围基团带正电。由于pH的变大,改变了AMEP412周围氨基酸的带电情况,使得蛋白质具有相同的电荷产生排斥,所以使蛋白质变得更稳定,溶解度变大,不易相互聚集沉淀下来。

根据韩敏义等[34]所研究的pH对肌原纤维蛋白质的影响表明,蛋白质溶液的pH值密切影响蛋白质所带电荷的多少,pH值增加时,蛋白质所带的负电荷跟着会增加。郭延娜等[35]研究提到,当pH在5.0~5.5时,由于pH值接近等电点的蛋白质不带电或者带电很少,所以蛋白质的疏水性基团就会暴露在外面,当pH在6.0~7.0时,蛋白质的结构没有发生明显的变化。这表明不同的pH通过影响等电点,改变了蛋白质的结构,调高了蛋白质的乳化性。这与我们的结果相同,pH值的改变,会影响蛋白质的生理活性,并测出最佳效果是pH为7.0~8.0时。

随后我们又进行了灰霉发病的实验进一步证明我们结果的猜想和准确性。从灰霉发病实验结果可以观察出，pH为7.5的AMEP蛋白溶液喷洒在接种灰霉菌的烟草叶片上，24 h后,烟草叶片不会被灰霉菌侵染,灰霉菌生长明显被抑制,灰霉菌丝可在叶肉细胞间生长。而ck组的烟草叶片明显灰霉菌已经感染叶片,已有菌丝生长。说明pH为7.5的AMEP蛋白生理活性高,且依然有抑制菌株的作用。

值得一提的是,在我们前期对AMEP蛋白的抗菌活性研究中表明,AMEP蛋白在pH为6.0~7.0条件下表现出良好的抗菌活性,随着pH值的降低或升高，AMEP蛋白的抗菌活性逐渐降低。当pH值高于10.0或低于5.0时，AMEP蛋白完全丧失其抗菌活性。这些结果表明,抗菌蛋白AMEP蛋白在pH 5.0~10.0范围内具有较高的稳定性,被认为是一个广泛适用的pH范围。这个实验也论证了我们结果的正确性,本次试验下的pH为7.0~8.0的AMEP蛋白也在这个范围中,虽然过敏反应的最佳pH值与抗菌活性的最佳pH值之间有一定偏差,这可能是由于植物细胞与细菌细胞的膜结构差异所造成的。

以上研究结果表明pH可以改变蛋白质的生理活性，AMEP蛋白的最显著的效果是在pH值为7.0~8.0时。AMEP蛋白在喷施时,可以适当调高此蛋白质的pH值,以达到最佳效果,这对生物防治制剂的开发有很有大的帮助。

五、磷酸二氢钾对AMEP蛋白功能的影响

以AMEP使烟草叶片发生过敏反应程度为参考指标,向烟草叶片注射不同浓度磷酸二氢钾与AMEP的混合溶液,从而确定磷酸二氢钾对AMEP溶液功能活性的影响。本次试验分别用0.02 mg/mL、0.2 mg/mL、2 mg/mL的磷酸二氢钾与AMEP蛋白混合,通过无针注射器注射到烟草叶片背面,相同磷酸二氢钾浓度溶液作为对照组，24 h后观察结果。从图4.10可以看出加入3个磷酸二氢钾浓度的AMEP均可对蛋白溶液活性产生抑制作用。因此，AMEP蛋白在喷施的过程中,应避免添加磷酸二氢钾溶液。

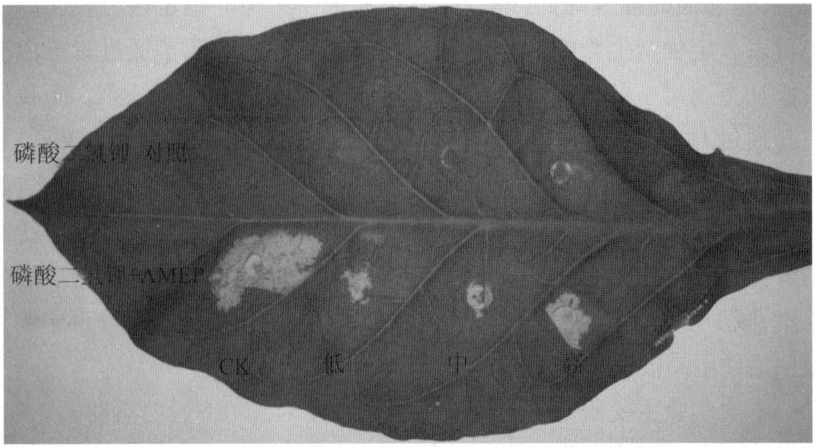

图4.10 磷酸二氢钾对AMEP蛋白产生过敏反应的影响

Figure 4.10 Potassium dihydro gen phosphate treated AMEP induced HR in tobacco leaves

从实验结果可以看出,磷酸二氢钾对该蛋白的活性有一定影响,且在不同浓度水平下都对AMEP蛋白的活性呈现一定的抑制作用。而对植物却有一定的促进作用,因为磷酸二氢钾可加快植物对磷、氮的吸收,迅速补充钾、磷,提高农作物的产量;在作物生长中,其所含的钾元素可增强植物的光合作用,促进作物的代谢进程[36]。但对蛋白的活性并没有促进作用,可能是因为钾离子浓度的增大使混合溶液的离子强度增大,屏蔽了蛋白质自身所带的电荷,进而减少了其静电斥力,降低了蛋白质在溶液中的溶解度,最终影响了其蛋白活性[37]。Rashid等[38]在2006年研究表明,在钾离子作用的情况下,cystatin蛋白的helix1结构域中的氢键数量明显减少,同时AS结构域中的氢键数量也少了许多,氢键的减少导致cystatin蛋白的结构域稳定性降低,发生了偏转;且研究发现在钾离子存在的情况下,cystatin蛋白中的3个盐桥都受到了不同程度的减弱作用,特别是ARG68:GLN116盐桥的强度明显低于WT体系。疏水核心与二硫键对于维持蛋白结构的稳定性也起着重要的作用,在本章研究中我们发现在钠离子存在的情况下cystatin蛋白的疏水核心变得疏散,这也说明了cystatin蛋白的结构不稳定。金属离子对cystatin蛋白的两个二硫键影响不同,71—81位二硫键在不同金属离子存在的情况下明显削弱并最终断裂,但对95—115位的二硫键影响不大。

综上所述,通过添加钾离子可以影响cystatin蛋白的氢键、盐桥和二硫键,使它们的强度降低,进而降低了其蛋白结构的稳定性。金属离子也可以一定程度上影响cystatin蛋白的疏水核心。表明了通过对蛋白溶液添加金属离子的情况下, cystatin蛋白的结构稳定性降低[38]。而我们正是通过对AMEP蛋白添加含有不同浓度钾离子的叶面肥,结果显示,其活性显著降低甚至抑制了其活性,猜测可能是由于钾离子的加入,其蛋白结构的稳定性降低,进而影响其二、三级结构,最终导致其蛋白活性的降低; 另一种可能则是其加入钾离子强度的增大,影响了蛋白溶液的强度,减少了其静电斥力,降低了蛋白质在溶液中的溶解度,进而导致其蛋白活性不易被表达。

本次实验主要研究不同磷酸二氢钾浓度对AMEP蛋白活性的影响,通过使用含不同浓度磷酸二氢钾的蛋白溶液处理烟草叶片,由于三种不同浓度的磷酸二氢钾对AMEP蛋白活性产生抑制作用,因此不在对灰霉抗性这方面对烟草进行检测。

以上研究成果表明磷酸二氢钾可以改变蛋白质的生理活性,但抑制了其蛋白的表达,活性明显降低。因此建议以后AMEP蛋白在喷施时,尽量减少磷酸二氢钾的添加,避免对蛋白活性产生影响,以免造成生物农药浪费。

参考文献

[1] Ware GW, Whitacre DW. The pesticide book[M]. US: Meister Media, 2004: 1–3.

[2] 屠豫钦. 农药使用技术标准化[M]. 北京：中国标准出版社，2001: 160–189.

[3] 张兴，马志卿，李广泽，等. 生物农药评述[J]. 西北农林科技大学学报(自然科学版)，2002, 30(2): 142–148.

[4] 杨红玉，李湘，张一凡，等. 灰霉菌培养及其对拟南芥的侵染[J]. 西南农业学报，2005(04): 431–434.

[5] 谢秀玲. 四种金属离子诱导牛乳 β –乳球蛋白聚合体的结构表征及致敏性评估[D]. 南昌大学，2015.

[6] Bryant C M, Mcclements D J. Molecular basis of protein functionality with special consideration of cold–set gels derived from heat–denatured whey[J]. Trends in Food Science & Technology, 1998, 9(4): 143–151.

[7] Mudgal P, Daubert C R, Foegeding E A. Effects of protein concentration and CaCl2 on cold–set thickening mechanism of β –lactoglobulin at low pH[J]. International Dairy Journal, 2011, 21(5): 319–326.

[8] Muhammad G, Croguennec T, Julien J, et al. Copper modulates the heat–induced sulfhydryl/disulfide interchange reactions of β –Lactoglobulin[J]. Food Chemistry, 2009, 116(4): 884–891.

[9] 陈秀红，吴国星，饶志坚，等. 表面活性剂对农药雾滴在小白菜叶面上扩展面积和蒸发时间的影响[J]. 云南农业大学学报(自然科学版)，2011, 26(5): 612–615.

[10] 韩寒冰. 表面活性剂及其在农业中的应用[J]. 生物学通报，1997(1): 16.

[11] 庄占兴，路福绥，刘月，等. 表面活性剂在农药中表面的应用研究进展[J]. 农药，2008, 47(7): 469–475.

[12] 曹洪玉，张莹莹，唐乾，等. 不同类型表面活性剂与蛋白质作用研究进展[J]. 大连大学学报，2014, 35(06): 62–68.

[13] 宋熙熙. 蛋白质——表面活性剂相互作用及酶催化反应的量热学研究[D]. 浙江大学，2008.

[14] 刘静，徐桂英. 表面活性剂与蛋白质相互作用的研究进展[J]. 日用化

学工业, 2003, (01): 29–32.

[15] 史兴旺. 新颖表面活性剂对牛血清蛋白（BSA）结构的影响研究[D]. 山东大学, 2008.

[16] Dickinson E. Adsorbed protein layers at fluid interfaces: interactions, structure and surface rheology[J]. Colloids and Surfaces B, 1999, 15: 161–176.

[17] Dickinson E. Proteins at interfaces and in emulsions stability, rheology and interactions[J]. Journal of the Chemical Society Faraday Transactions, 1998, 94(12): 1657–1669.

[18] 余杨，吴国星，饶志坚，等. 有机硅表面活性剂 TECH–408 和 FAIRLAND2408 对农药雾滴在烟草叶片上覆盖面积的影响[J]. 植物保护, 2012(1): 90–94.

[19] 夏振远, 祝明亮, 杨树军, 等. 烟草生物农药的研制及应用进展[J]. 云南农业大学学报, 2004, 19(1): 110–115.

[20] 钟权, 肖艳松, 何斌, 等. 烟草药肥一体化技术的发展对策探讨[J]. 农业研究与应用, 2017, (04): 58–61.

[21] 于广武. 叶面肥及其发展趋势[J]. 中国农资, 2006(2): 60–62.

[22] 马彩珺, 吕叶, 彭贤辉, 等. 叶面肥发展现状与展望[J]. 河南化工, 2017, 34(05): 7–10.

[23] 王丽霞, 高莉芬. 叶面肥及其发展趋势[J]. 内蒙古石油化工, 2006(9): 22–22.

[24] 单折, 崔东洁, 代西梅. 不同浓度尿素胁迫下苗期小麦根部形态和生理指标的变化[J]. 江苏农业科学, 2019, 47(20): 108–111.

[25] 刘强, 邓春晖, 郝凤敏, 等. 叶面喷肥对小麦产量的影响[J]. 种业导刊, 2019(01): 20–21.

[26] 尹翠玉, 张宇峰, 沈新元. 大豆蛋白的脲变性及结构表征[J]. 中国油脂, 2009, 34(08): 25–27.

[27] 黄曼, 卞科. 理化因子对大豆蛋白疏水性的影响[J]. 郑州工程学院学报, 2002, 23(3) : 5 –9.

[28] Chandra B P S, Rao A G A, Rao M S N. Effect of temperature on the conformation of soybean glycinin in 8 M urea or 6 M guanidine hydrochloride solution[J]. Journal of Agricultural & Food Chemistry, 1984, 32(6): 1402–1405.

[29] Andrade M I P, Jones M N, Skinner H A. The enthalpy of interaction of urea with some globular proteins[J]. 1976, 66(1): 127–131.

[30] 张忠慧, 华欲飞. 大豆分离蛋白与低浓度尿素相互作用红外光谱分析[J]. 粮食与油脂, 2007(07): 20–21.

[31] 张喜. 施用叶面肥要因菜制宜[N]. 陕西科技报, 2017–12–15(006).

[32] 蒋莹, 程永乐, 曹代京, 等 .pH 对褐环粘盖牛肝菌蛋白质和核酸的影响[J]. 安徽农业科学, 2019, 47(02): 4–6+22.

[33] 李朝阳, 李良玉, 刁静静 .pH 和温度对蛋白结构和功能特性影响的研究进展[J]. 科学技术创新, 2019(18): 59–60.

[34] 韩敏义, 费英, 徐幸莲, 等. 低场 NMR 研究 pH 对肌原纤维蛋白热诱导凝胶的影响[J]. 中国农业科学, 2009, 42(6): 2098–2104.

[35] 郭延娜, 吴菊清, 周光宏, 等. 匀浆机转速、pH 值和肌原纤维蛋白质浓度对肌原纤维蛋白质乳化特性的影响[J]. 江苏农业学报, 2010, 26(6): 1371–1377.

[36] 郭海燕. 磷酸二氢钾的作用机理及综合施用技术[J]. 现代化农业, 2020(12): 24–25.

[37] 李秋杰. 不同离子对大豆蛋白结构及表面活性的影响[D]. 广西科技大学, 2015.

[38] 陈星. 利用分子动力学方法研究金属离子对鸡胱抑素蛋白结构的影响[D]. 辽宁大学, 2011.

第五章

AMEP 蛋白的产量优化

在前面章节中，我们从枯草芽孢杆菌BU412中分离鉴定了一个全新的多功能蛋白AMEP。初步研究发现该蛋白在多种芽孢杆菌中均有表达，且其表达量因菌株、培养基的不同存在较大差异。在比较了各菌株，包括BU108、BU224、BU396和BU412的表达量后，发现BU396的表达量更大。因此，为了获得最大量的蛋白表达水平，有必要对抗菌蛋白AMEP蛋白的发酵条件进行优化。

在生物防治的研究过程中，提高抗菌蛋白产量不仅有利于蛋白的分离和纯化等相关理论的研究，还对生物农药的研发起到重要的促进作用。培养基的组分是影响抗菌蛋白产生的关键因素[1]。当采用微生物发酵技术生产各种次生代谢产物时，由于培养基组成成分种类繁多，各成分之间及培养条件间均存在着相互作用，故在微生物发酵优化的工艺中通常使用多种生物统计学方法，不仅科学，而且可以缩短一部分的工作时间，其中响应面分析法（Response Surface Methodology，RSM）[2-4]的应用最为广泛，效果也最为显著。该方法是一种优化的统计学试验设计方法，其原理是通过交互作用对生物过程的影响因子进行评价，求导最佳值。此外该方法还具有诸多优点，如试验次数少、试验周期短、精密度高等，目前已经在多种芽孢杆菌的产量优化中得到广泛应用[5-6]。

现阶段，对芽孢杆菌的发酵培养条件的优化是提高芽孢杆菌抗菌蛋白产量的主要途径。枯草芽孢杆菌抗菌蛋白产量的优化主要采用正交试验和响应面试验设计等方法，尽管正交试验能够对其发酵条件进行优化，但是在试验过程中往往需要消耗大量的时间与精力。响应面法是一种利用统计学方法进行生物过程优化的试验设计，对改变该过程的多个因素以及二者之间产生的相互作用进行检测与评估，最终得到最适宜的水平区间[7]。此外鉴于该方法充分具备开展试验的周期性相对较短、试验设计方案较为简单、优化次数相对减少、回归方程的准确度较高、分析试验结果获得的预测理论值也较为精确等多方面的优势，目前已得到广泛应用。Haddad等人[8]采用响应面法对枯草芽孢杆菌HSO121产生的表面活性素进行了产量优化，结果显示优化培养基中的蛋白产量较基础培养基提高了38.06倍；Kim等人[9]采用响应面法对枯草芽孢杆菌JK-1产生的抗菌蛋白进行产量优化，发现温度与可溶性淀粉是影响该蛋白产量的重要因子，对该生防表面活性素的大规模生产具有重大意义；Lei等人[10]采用响应面法对枯草芽孢杆菌BSD-2产生的抗菌蛋白进行产量优化，在确定最佳培养基的基础上，发现该蛋白产量提升了1.77倍；Li等人[7]采用响应面法对枯草芽孢杆菌DB1342（p-3N46）分泌的抗菌蛋白CGA-N46进行培养条件的优化，可以看出糊精和胰蛋白胨两个因子在CGA-N46的表达上起到了关键性作用，同时产量也较初始培养基提升了30.86%，进一步证明了采用RSM法对抗菌蛋白CGA-N46进行表达条件优化的准确性和高效性。

在AMEP蛋白的前期鉴定过程中，研究者分别使用LB培养基和YME培养基对枯草芽孢杆菌进行培养，发现使用LB培养基进行培养时无法检测到AMEP的表达，而使用YME培养基进行培养时AMEP蛋白表达水平显著提升。经过比较，两个培养基的主要差别为YME培养基中不含有氯化钠，说明氯化钠抑制了蛋白表达。已有研究表明培养基成分及用量会影响到微生物的发酵产量，因此需要对培养基进行深入研究，以提高AMEP蛋白表达水平。本部分研究旨在确定AMEP蛋白的最佳发酵培养条件，从而进一步提高AMEP蛋白的产量，为AMEP蛋白的大规模开发应用提供经验和材料。

第一节 单因素试验

单因素实验是响应面实验的前期准备，我们根据AMEP蛋白的初始培养基YME培养基进行优化，分别选择不同种类的碳源、氮源，随后优化C/N、pH、培养温度和时间。培养液中蛋白含量的测定采用上文的方法，经过离子交换层析和分子筛层析进行纯化后，测定浓度确定蛋白产量。

一、最适碳源的确定

发酵培养基是微生物生长、繁殖、代谢的物质基础，培养基成分及培养条件对抗菌活性物质的产生有很大的影响。碳源是一种含碳化合物，为微生物正常生长提供能量，所以碳源是微生物发酵时不可缺少的营养物质。故本试验主要研究碳源对枯草芽孢杆菌抗菌蛋白产量的影响。常用的碳源有葡萄糖、甘露醇、麦芽糖、蔗糖、乳糖等。

由于YME培养基中使用的碳源是麦芽糖，因此我们选择了不同的碳源，包括葡萄糖、乳糖、麦芽糖、蔗糖，进行优化筛选。此单因素实验的其它因素同之前的YME培养基保持一致，每个水平重复5次，测定AMEP蛋白的产量，确定适宜的碳源种类。

二、最适氮源的确定

发酵培养基是微生物生长，繁殖，代谢的物质基础，培养基的组成成分以及培养条件对抗菌活性物质的产生有很大的影响。氮源是构成生物体蛋白质、核酸及其他氮素化合物的材料，为微生物的有效生长提供能量，所以氮源是微生物发酵时不可缺少的营养物质。故本试验主要研究氮源对枯草芽孢杆菌抗菌蛋白产量的影响。常用的氮源有氯化铵、酵母提取物、大豆蛋白胨、蛋白胨、硫酸铵等。

由于YME培养基中使用的氮源是酵母浸粉，因此我们选择了不同的氮源，在包括蛋白胨、胰蛋白胨、大豆蛋白胨、酵母浸粉、牛肉粉，进行优化筛选。此单因素实验的碳源选择上文优化的结果，其它因素不变，每个水平重复5次，测定AMEP蛋白的产量，确定适宜的氮源种类。

三、最适 C/N 的确定

在前面内容中确定最适宜的碳源和氮源后，进行C/N的单因素实验，设置C/N为1:1、1:2、1:3、1:4、1:5多个梯度进行单因素试验，其他因素不变，每个水平重复5次，测定AMEP蛋白的产量，确定适宜的C/N。

四、最适 pH

在上文确定最适宜的碳源、氮源和C/N的基础上，进行最适pH的单因素实验，设置培养基的初始pH为5、6、7、8、9，每个水平重复5次，测定AMEP蛋白的产量，确定适宜的pH。

五、最适培养温度

在上文确定最适宜的碳源、氮源、C/N、pH后，进行培养温度的单因素实验，设置培养温度为22 ℃、28 ℃、32 ℃、37 ℃、44 ℃，每个水平重复5次，测定AMEP蛋白的产量，确定最适温度。

六、最适培养时间

在前面内容中确定最适宜的碳源、氮源、C/N、pH和培养温度后，进行培养时间的单因素试验，设置培养时间分别为8 h、10 h、12 h、14 h、16 h、18 h、20 h、22 h、24 h、26 h、28 h、30 h，每个水平重复5次，测定AMEP蛋白的产量，确定适宜的培养时间。

七、最适无机盐的筛选

在前面内容中确定最适宜的碳源、氮源、C/N、pH、培养温度和培养时间后，进行无机盐的单因素实验，设置培养基中分别含有不同种类的无机盐：氯化钠、氯化钾、氯化镁、氯化钙、磷酸钙、硫酸锌、磷酸氢二钠、磷酸二氢钠，各无机盐的用量均为1 g/L。每个水平重复5次，测定AMEP蛋白的产量，确定适宜的无机盐种类。

在确定最适的无机盐后，进一步改变培养基中最适无机盐的浓度（0.5 g/L、1 g/L、2 g/L、3 g/L、4 g/L），在32 ℃、160 rpm条件下培养22 h，收集菌体。参照上述方法分离纯化AMEP蛋白并检测蛋白浓度，得到AMEP蛋白的表达产量。以AMEP蛋白的表达量为参考指标，筛选出无机盐的最佳浓度。

第二节 响应面优化试验

一、Plackett-Burman 试验

本试验以蛋白产量为响应变量，在单因素试验的基础上选取碳源、氮源、C/N、无机离子（NaCl）、pH、培养时间、培养温度作为PB试验的7个因素。通过软件设计试验次数为12的Plackett-Burman设计方案，另外再加上5次重复，每个因素分别取1和-1两个水平，随后测定各个试验次数中AMEP蛋白的产量，确定对BU396菌株AMEP蛋白产量有较大影响的因子。

二、Box-Benhnken 试验

在Plackett-Burman 试验的基础上，筛选出3个对蛋白产量影响最大的影响因子，而其它因素为最优水平，每个因素取 3个水平，以（-1，0，+1），通过响应面试验设计的Box-Benhnken方法对3个主要因素进一步优化，建立主要影响因素与蛋白质产量的二次多项数学模型，找出AMEP蛋白产量的最佳值。设计3因素、3水平，共17次的实验分析，其中12个为试验点，5个为重复。进行AMEP蛋白产量测定，以蛋白产量为响应值，经回归分析后，确定函数方程式，并且根据 Box-Benhnken 试验设计优化三种因素的最佳水平，得出BU396发酵AMEP蛋白产量的最佳培养条件。

三、发酵条件验证试验

对前面得到的最佳培养条件进行重复性验证实验，按照最佳条件进行BU396的发酵，提取纯化蛋白，测定蛋白浓度，随后与理论蛋白产量进行比较，检验模型的有效性。

第三节 结果与分析

一、单因素优化试验

（一）碳源种类的选择

本次试验分别用甘露醇、葡萄糖、乳糖、麦芽糖、蔗糖代替培养基中的碳源。通过纯化和浓度测定所得的数据用软件 Origin 8.5 制成如图 5.1 所示柱形图。由方差分析可知，用甘露醇作为碳源时，组内间的差异较小，并且与其他的碳源具有显著性的差异（$P<0.05$）。说明用甘露醇作为碳源的条件下，抗菌蛋白表达产量最高，为最佳碳源。

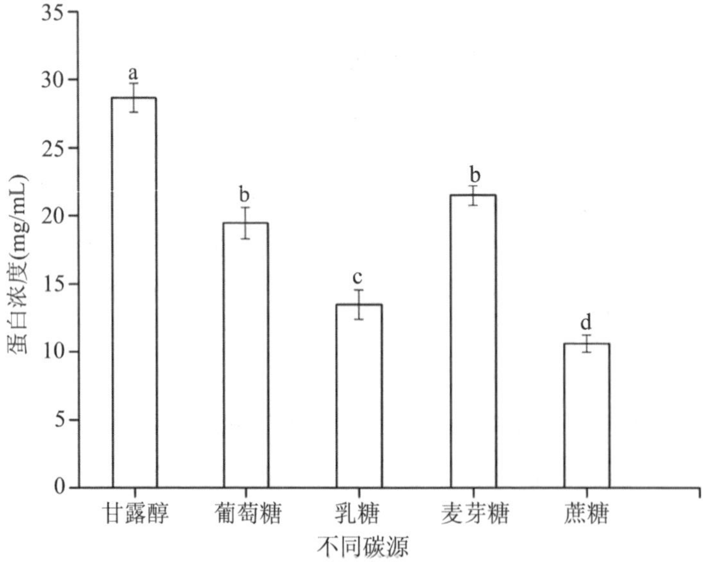

图 5.1 碳源种类的选择

Figure 5.1 The selection of carbon source

在确定甘露醇为最佳碳源后，设置甘露醇用量分别为 0.6 g、1.0 g、1.4 g、1.8 g、2.2 g（100 mL 体系），使用紫外微量分光光度计测抗菌蛋白的浓度，所得的数据用软件 Origin 8.5 制成如图 5.2 所示柱形图。由方差分析可知，在甘露醇用量为 1.4 g时，组内间的差异较小，并且在甘露醇用量为 1.4 g时与其它用量有显著性的差异（$P<0.05$）。说明在甘露醇用量为 1.4 g时，抗菌蛋白的表达产量最高，为甘露醇的最适用量。

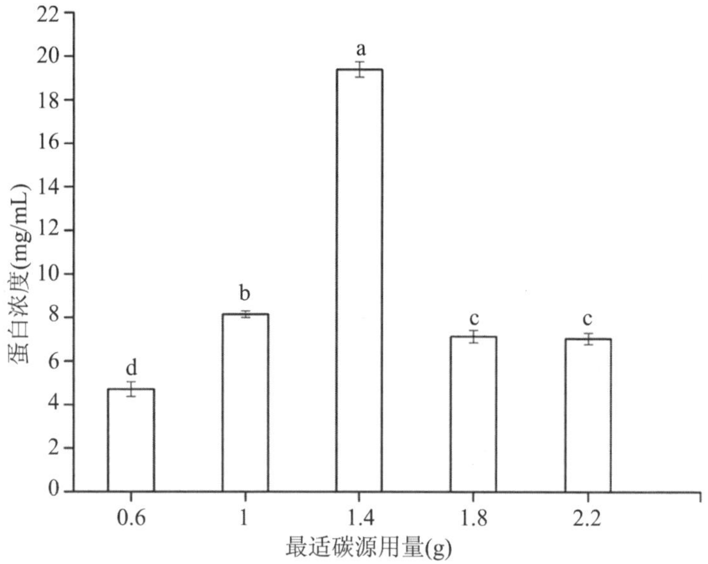

图 5.2 碳源用量的选择

图 5.2 The concentration optimization of carbon source

（二）氮源种类的选择

本次试验分别用酵母浸粉、氯化铵、大豆蛋白胨、硫酸铵、蛋白胨对氮源种类进行优化。通过纯化和浓度测定所得的数据用软件Origin 8.5制成如图5.3所示的柱形图。由方差分析可知，在用酵母浸粉作为氮源时，组内间的差异较小，并且酵母浸粉与其它的氮源种类有显著性的差异（$P<0.05$）。这说明在用酵母浸粉作为氮源的条件下，抗菌蛋白的表达产量最高，为最佳氮源。

在确定酵母浸粉为最佳氮源后，设置酵母浸粉用量分别为0.4 g、0.7 g、1.0 g、1.3 g、1.6 g（100 mL体系），使用紫外微量分光光度计测抗菌蛋白的浓度，所得的数据用软件Origin 8.5制成如图5.4所示柱形图。最后由方差分析可知，在酵母浸粉用量为1.0 g时，组内间的差异较小，并且在酵母浸粉用量为1.0 g时的蛋白浓度与其它用量有显著性的差异（$P<0.05$）。说明在酵母浸粉用量为1.0 g时，抗菌蛋白的表达产量最高，为酵母浸粉作为氮源的最适用量。

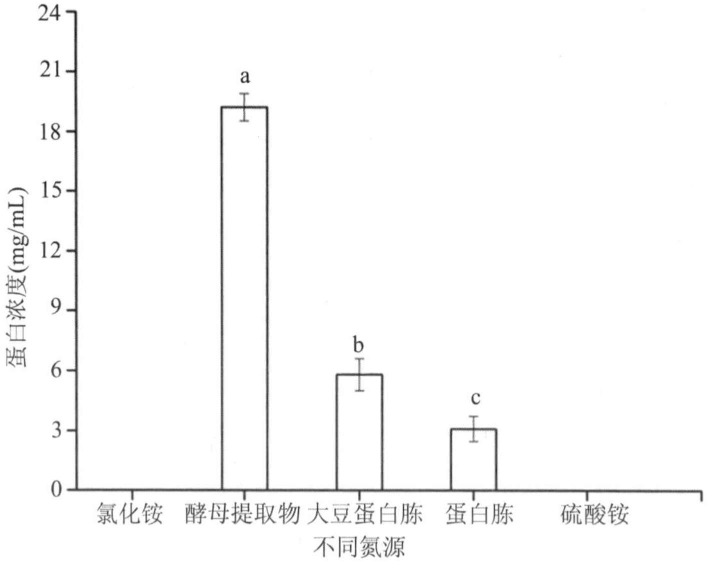

图 5.3 氮源种类的选择

Figure 5.3 The selection of nitro gen source

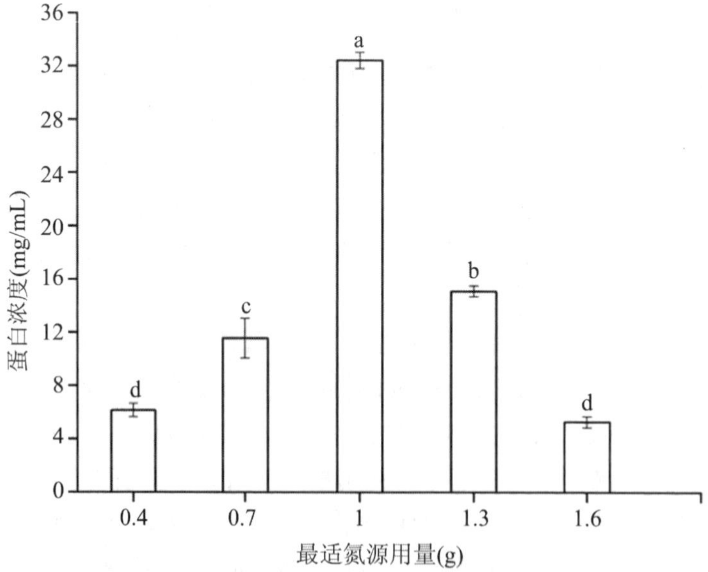

图 5.4 氮源用量的选择

Figure 5.4 The concentration optimization of nitro gen source

（三）pH 对蛋白产量的影响

pH在芽孢杆菌的生长过程中具有重要的调节作用，过高或过低的pH范围均会影响菌株的生长及AMEP蛋白的产量，为优化蛋白产量，以其表达量为参考指标，根据上述试验结果，采用单因素试验方法，改变种子培养基中的pH，纯化AMEP蛋白，并对其表达量进行检测。如图5.5所示，不同pH的蛋白表达量分别为0.26 mg/mL、0.28 mg/mL、0.31 mg/mL、0.28 mg/mL和0.23 mg/mL，结果显示，当培养基的pH为7.0时，AMEP蛋白的表达量最高（$P<0.05$），从而确定最适宜AMEP蛋白表达的pH为7.0。

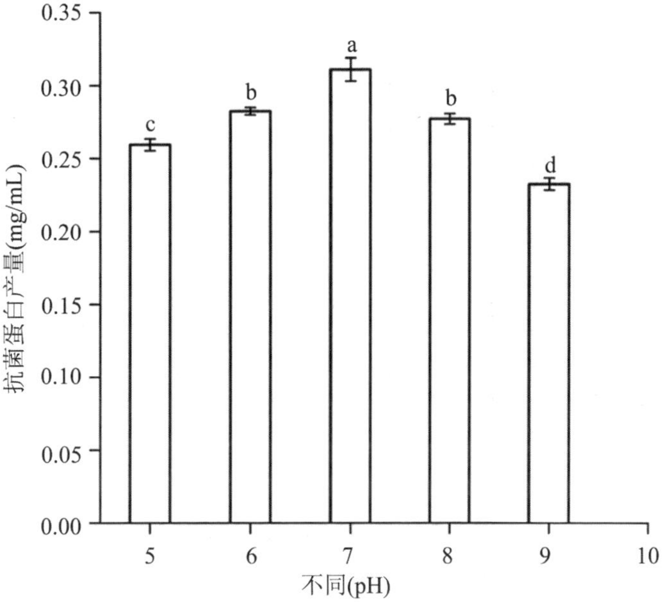

图 5.5　最适宜 pH 的确定

Figure5.5　The deter mination of optimum pH

注：不同小写英文字母表示图中数据在$P<0.05$水平上差异显著。

Note: The different small letters in the Figure indicate significant difference at $P<0.05$ level.

（四）培养温度对蛋白产量的影响

培养温度是影响芽孢杆菌正常生长和抗菌活性物质产生的重要因素，过高的培养温度会导致蛋白出现降解的情况，抑制蛋白的活性，过低的培养温度也会造成抗菌蛋白产量的下降，为优化蛋白产量，以其表达量为参考指标，在最佳碳源、氮源与pH试验结果的基础上，通过单因素试验法，改变培养温度，随后纯化AMEP蛋白，并对其表达量进行检测，如

图5.6所示，不同培养温度的蛋白表达量分别为0.29 mg/mL、0.34 mg/mL、0.28 mg/mL、0.27 mg/mL和0.25 mg/mL，结果显示，当培养温度为28 ℃时，AMEP蛋白的表达量最高（P<0.05），从而确定最适宜AMEP蛋白表达的培养温度为28 ℃。

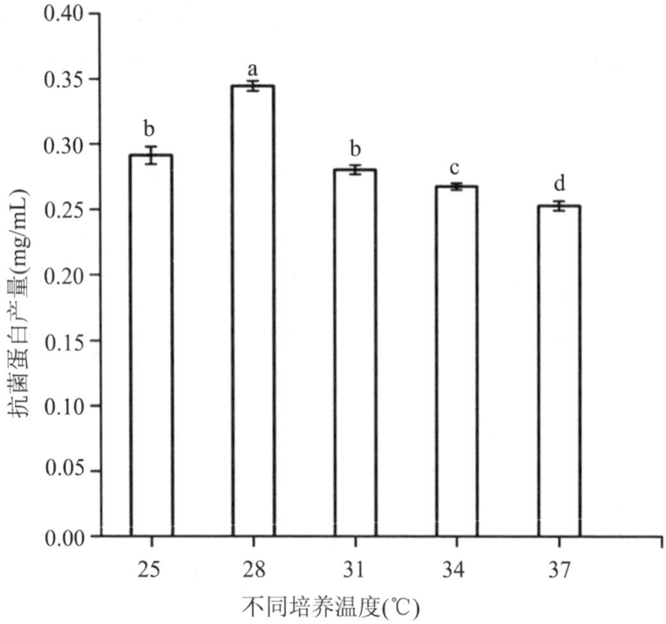

图5.6 最适宜培养温度的确定

Figure5.6 The deter mination of optimum culture temperature

注：不同小写英文字母表示图中数据在P<0.05水平上差异显著。

Note: The different small letters in the Figure indicate significant difference at P<0.05 level.

（五）接种量对蛋白产量的影响

接种量对芽孢杆菌的OD值（菌的浓度）具有较大的影响，从而进一步影响其抗菌蛋白的产量，为优化蛋白产量，以其表达量为参考指标，基于上述试验结果，采用单因素试验方法，改变菌株的接种量，随后纯化AMEP蛋白，并对其表达量进行检测，如图5.7所示，不同接种量的蛋白表达量分别为0.28 mg/mL、0.30 mg/mL、0.32 mg/mL、0.32 mg/mL和0.32 mg/mL，结果显示，当菌株接种量为0.6%时，AMEP蛋白的表达量最高（P<0.05），当接种量增至0.8%~1%时，蛋白产量仍保持相对平衡的状态，不再继续上升，从而确定最适宜AMEP蛋白表达的接种量为0.6%。

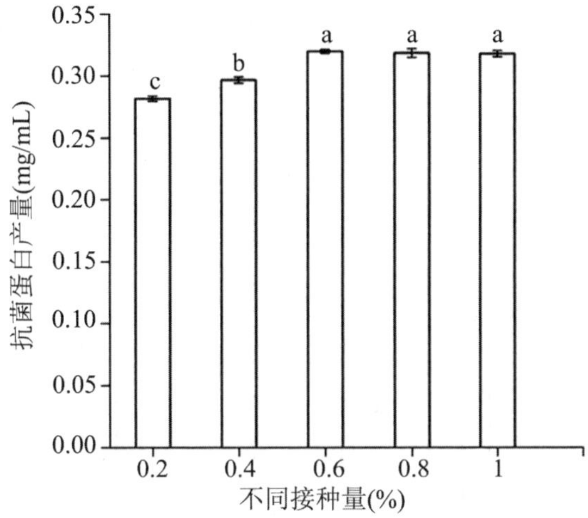

图 5.7 最适宜接种量的确定

Figure5.7 The deter mination of optimum inoculation amount

注：不同小写英文字母表示图中数据在*P*<0.05水平上差异显著。

Note: The different small letters in the Figure indicate significant difference at *P*<0.05 level.

（六）培养时间对蛋白产量的影响

培养时间也能够影响芽孢杆菌的生长，并在其代谢产物（抗菌活性物质）的合成过程中发挥着关键作用，为优化蛋白产量，以其表达量为参考指标，在最佳碳源、氮源、与接种量等试验结果的基础上，通过单因素试验法，改变菌株的培养时间，随后纯化AMEP蛋白，并对其表达量进行检测，如图5.8所示，不同培养时间的蛋白表达量分别为0.31 mg/mL、0.37 mg/mL、0.36 mg/mL、0.35 mg/mL和0.35 mg/mL，结果显示，当培养时间达到24 h时，AMEP蛋白的表达量最高（*P*<0.05），从而确定最适宜AMEP蛋白表达的培养时间为24 h。

（七）转速对蛋白产量的影响

转速不同，菌株的溶氧量也各不相同。溶氧对芽孢杆菌等好氧型细菌的正常生长至关重要，此外溶氧量也直接影响着芽孢杆菌的产孢能力及其抗菌蛋白的合成，为优化抗菌蛋白产量，以其表达量为参考指标，根据上述试验结果，采用单因素试验方法，改变菌株的培养转速，随后纯化AMEP蛋白，并对其表达量进行检测，如图5.9所示，不同转速下蛋白表达量分别为0.27 mg/mL、0.28 mg/mL、0.31 mg/mL、0.30 mg/mL和0.29 mg/mL，结果显示，当转速为160 rpm时，AMEP蛋白的表达量最高

（$P<0.05$），从而确定最适宜AMEP蛋白表达的转速为160 rpm。

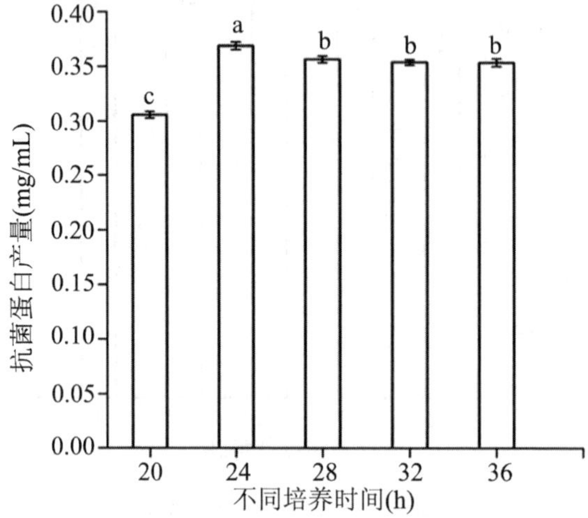

图 5.8 最适宜培养时间的确定

Figure5.8 The deter mination of optimum culture time

注：不同小写英文字母表示图中数据在$P<0.05$水平上差异显著。

Note: The different small letters in the Figure indicate significant difference at $P<0.05$ level.

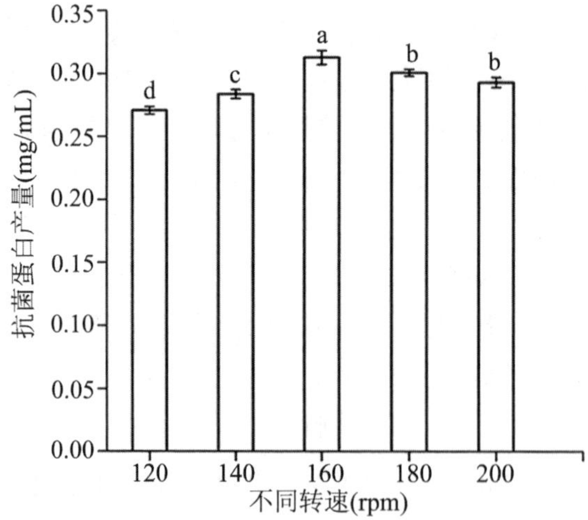

图 5.9 最适宜转速的确定

Figure5.9 The deter mination of optimum rotational speed

注：不同小写英文字母表示图中数据在$P<0.05$水平上差异显著。

Note: The different small letters in the Figure indicate significant difference at $P<0.05$ level.

（八）无机盐种类的选择

利用Origin 8.5对通过紫外微量分光光度计检测得到的AMEP蛋白表达产量进行数据分析并绘制方差柱形图。在使用不同的无机盐对BU412菌株培养的条件下，菌株发酵生产AMEP蛋白的表达水平见图5.10，磷酸钙和磷酸氢二钠能显著提高AMEP蛋白的表达水平；磷酸二氢钠和氯化钾的AMEP蛋白表达水平与空白对照组无显著差异；氯化钠、氯化钙、硫酸锌和氯化镁则显著降低AMEP蛋白表达水平。以上结果说明，无机盐种类对AMEP蛋白产量影响较大，尤其是一些无机盐的存在会极大的限制AMEP蛋白的表达，今后在AMEP蛋白的表达过程中要注意避免使用此类无机盐。由于磷酸钙和磷酸氢二钠都会显著提高AMEP蛋白的表达水平，但由于两者相比，磷酸钙效果更加显著，因此确定最适无机盐为磷酸钙，后续的最适无机盐用量也在此基础上进行。

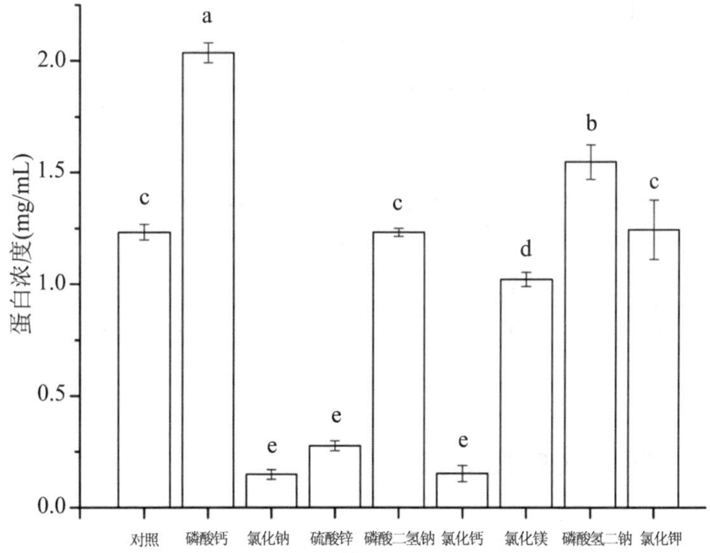

图 5.10 无机盐种类对 AMEP 蛋白产量的影响

Figure 5.10 Effects of different inorganic salts on AMEP protein yield

注：不同小写英文字母表示图中数据在$P<0.05$水平上差异显著。

Note: The different small letters in the Figure indicate significant difference at $P<0.05$ level.

在确定磷酸钙为最适无机盐后，本节又对培养基中磷酸钙的最适用量进行了筛选。经过蛋白纯化和浓度测定，制作柱形图，得到AMEP蛋白的表达水平见图5.11。结果显示，磷酸钙的用量小于2 g/L时，AMEP

蛋白的表达量会随着磷酸钙用量的增加而升高；当磷酸钙的用量为2 g/L时，AMEP蛋白表达量达到最大；而当磷酸钙的用量大于2 g/L时，AMEP蛋白表达量会逐渐下降。由此确定AMEP蛋白表达培养基中的磷酸钙最适用量为2 g/L。

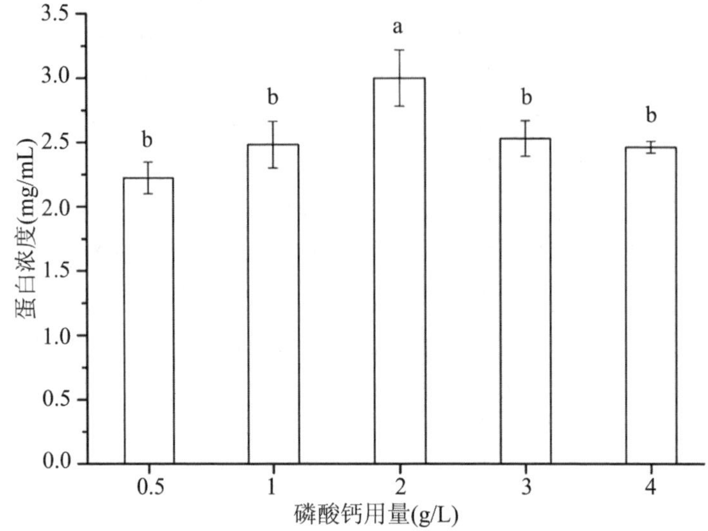

图 5.11　磷酸钙不同用量对 AMEP 蛋白产量的影响

Figure 5.11 Effect of different dosa ge of calcium phosphate on AMEP protein production

注：不同小写英文字母表示图中数据在 $P<0.05$ 水平上差异显著。

Note: The different small letters in the Figure indicate significant difference at $P<0.05$ level.

二、响应面优化试验

（一）Plackett-Burman 试验

Plackett-Burman试验是建立在单因素优化试验的基础上，对培养基的成分及培养条件共7个因素进行了进行试验次数为12的实验，每个因素取 -1 和1两个不同的水平进行试验。本试验以抗菌蛋白 AMEP 蛋白的产量为试验参考指标，利用Design Expert7.0软件中的Plackett-Burman功能对试验中的7个因素进行随机组合（表5.1），依据表中每个因素的取值进行蛋白产量测定，试验结果表明：试验号为4时蛋白产量最高。

表 5.1　Plackett–Burman 试验表

Table 5.1　The design table ofPlackett-Burman test

试验号 Test numbers	碳源 Carbon source (g/L)	氮源 Nitro gen source (g/L)	碳源/氮源 C/N	无机离子 Inorganic ion (g/L)	pH	培养时间 Culture time(h)	培养温度 Culture Temperature (℃)	蛋白产量 Yield (mg/mL)
1	1	−1	−1	−1	1	1	1	0.50
2	1	−1	1	1	−1	1	−1	0.60
3	1	1	−1	1	−1	−1	−1	0.45
4	−1	1	1	1	−1	1	1	0.61
5	−1	−1	1	1	1	−1	1	0.51
6	−1	1	−1	−1	−1	1	1	0.45
7	1	1	−1	1	1	−1	1	0.45
8	1	−1	1	−1	−1	−1	1	0.50
9	−1	−1	−1	1	1	1	−1	0.50
10	−1	1	1	−1	1	−1	−1	0.46
11	1	1	1	−1	1	1	−1	0.45
12	−1	−1	−1	−1	−1	−1	−1	0.30

为了确定Plackett–Burman结果中7个因素的重要性,使用SPSS软件来分析各个因素的主效应。由表5.2可知,其中有3个因素的可信度大于95%(置信区间),分别为氮源、pH和培养时间,其中P值越小,系数越显著。根据对蛋白产量的影响从大到小顺序为：氮源、pH、培养时间、碳源、培养时间、无机离子、培养温度、C/N。由此可以确定,对蛋白产量影响最大的因素为氮源、pH和培养时间。

表 5.2　各因子主效应分析

Table 5.2　The main effect analysis of effectors

因子 Factors	水平 Levels		方差分析 Variance analysis		
	−1	1	T检验 T–test	Pr > T	重要性 Importance
碳源 Carbon source (g/L)	5	15	1.680	0.154	4
无机离子 Inorganic ion (g/L)	0.5	1.5	0.759	0.482	5
培养时间 Culture time (h)	20	24	2.603	0.048	3

续表

因子 Factors	水平 Levels		方差分析 Variance analysis		
	-1	1	T检验 T-test	Pr > T	重要性 Importance
氮源 Nitro gen source（g/L）	5	15	3.212	0.020	1
培养温度 Culture temperature（℃）	26	30	-0.244	0.817	6
pH	7	9	3.367	0.021	2
碳源/氮源 C/N	1:1	1:3	-0.206	0.845	7

（2）Box-Behnken试验分析

为了提高BU396抗菌蛋白的产量，对三个主要因素（氮源、pH、培养时间）进行优化，将三个主要因素编码为-1、0、1（表5.3）。本试验一共设计17组，并且每组试验重复3次，提高试验精准性，以便得到培养BU396最佳的条件。

表5.3 主因素水平设计表

Table 5.3 The design of main factor level

	水平		
因子	-1	0	1
氮源（g/L）	5	10	15
pH	6	7	8
培养时（h）	20	24	28

表5.4 主因素正交试验表

Table 5.4 Main factor ortho gonal test table

试验号	氮源（g/L）	pH	培养时间（h）	蛋白浓度（mg/mL）
1	-1	0	1	0.973
2	-1	0	-1	0.892
3	0	-1	1	1.162
4	0	1	1	1.589
5	-1	-1	0	1.022
6	0	0	0	1.942
7	1	0	-1	1.564

续表

试验号	氮源(g/L)	pH	培养时间(h)	蛋白浓度(mg/mL)
8	1	0	1	1.687
9	0	1	–1	1.320
10	0	0	0	1.984
11	0	0	0	1.956
12	0	–1	–1	0.892
13	–1	1	0	1.278
14	0	0	0	2.072
15	0	0	0	2.034
16	1	–1	0	1.771
17	1	1	0	1.946

使用Design Expert 7.0软件得到数据，并对这些数据进行详细的分析，构建出二次响应面回归方程为：

$R^1=570.80+100.13\times A+45.88\times B+26.50\times C-5.75\times A\times B+3.00\times A\times C-65.03\times A^2-76.03\times B^2-140.28\times C^2$（A代表氮源，B代表pH，C代表培养时间）。

从表5.5回归方程分析结果中得到该二次响应面回归方程的F值为47.31，P>F的概率小于0.000 1，所以该软件计算分析得到的方程有显著性。由表5.6模型可信度分析可知，调整后的R^2为96.3%，确定初始最佳培养条件为氮源：酵母浸粉15.2 g/L、pH 6.89、培养时间：23.84 h。此方程有较好的拟合效果。CV值为5.42%，该值为试验准确度的代表，值越低，此试验的准确度越高，所以可以得知该Box–Benhnken试验较为合理准确，有利于下一步操作的进行。

表 5.5　回归方程分析结果

Table 5.5　Re gression equation analysis results

项目	平方和	自由度	均方	F	P>F
模型	2.40E+05	9	26 687.23	47.31	< 0.000 1
A	80 200.13	1	80 200.13	142.16	< 0.000 1
B	16 836.13	1	16 836.13	29.84	0.000 9
C	5 618	1	5 618	9.96	0.016
AB	132.25	1	132.25	0.23	0.643
AC	36	1	36	0.064	0.807 8
BC	0	1	0	0	1
A^2	17 803.16	1	17 803.16	31.56	0.000 8

续表

项目	平方和	自由度	均方	F	P>F
B^2	24 336	1	24 336	43.14	0.000 3
C^2	82 850.84	1	82 850.84	146.86	< 0.000 1
残差	3 949.05	7	564.15		
纯误差	2 992.25	3	997.42	4.17	0.100 7
失拟项	956.8	4	239.2		
总计	2.44E+05	16			

表 5.6　模型可信度分析

Table 5.6　Model reliability analysis

模型	
平均值	438.41
判定系数/%	98.38
调整 R^2/%	96.3
CV/%	5.42

通过Design Expert 7.0软件得到响应面图和等高线图，在其他变量条件最优的情况下，每一个响应面都对应着两个主要因素相互作用进而对响应变量产生的影响，而等高线约接近椭圆状，则表示两个单因素之间的相互作用越明显。从图5.12~图5.14可以得知，三个因素氮源、pH、培养时间之间每两个因素都交互作用，而pH与培养时间的交互影响最明显，这些可以证明三个主要因素与B. velezensis BU396抗菌蛋白的产量提高有密切关系。

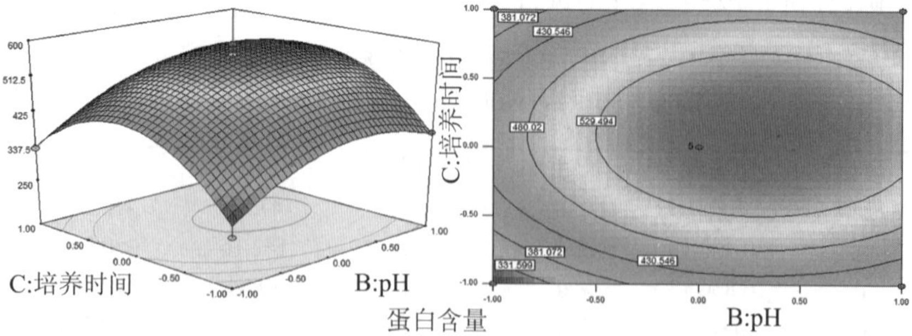

图 5.12　pH 与培养时间交互作用的响应面图和等高线图

Figure 5.12　Response surface and contour map of the interaction between pH and culture time

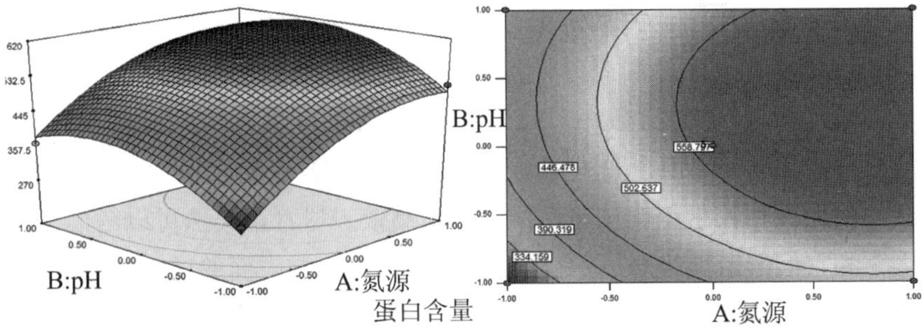

图 5.13 培养时间与氮源交互作用的响应面图和等高线图

Figure 5.13 Response surface and contour map of the interaction between culture time and nitro gen source

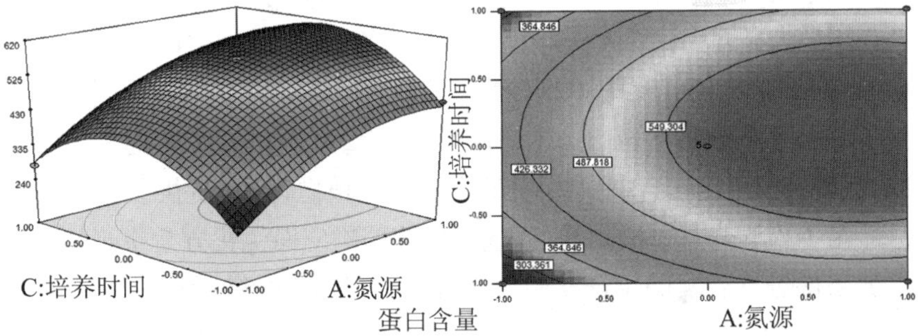

图 5.14 pH与氮源交互作用的响应面图和等高线图

Figure 5.14 Response surface and contour map of the interaction between pH and N source

芽孢杆菌所产生的抗菌蛋白对于防御病虫害和植物疾病有明显作用。芽孢杆菌产生的抗菌蛋白结构种类多,有的抗菌蛋白对防御外界病原菌的入侵有明显作用,但一些抗菌蛋白产生量较少,如何提高产量、降低成本是目前需要解决的难题。有研究表明,不同培养条件对芽孢杆菌产生抗菌蛋白的质量和数量有很大影响, Box-Behnken试验设计优化了三种单因素的条件,得到一组合理的取值,最终确定BU396菌株的最佳发酵培养条件,实现了提高贝莱斯芽孢杆菌抗菌蛋白产量的目的。

现阶段,对芽孢杆菌的发酵培养条件的优化是提高芽孢杆菌抗菌蛋白产量的主要途径。枯草芽孢杆菌抗菌蛋白产量的优化主要采用正交试验和响应面试验设计等方法,尽管正交试验能够对其发酵条件进行优化,但是在试验过程中往往需要消耗大量的时间与精力。响应面法是一种利用统计学方法进行生物过程优化的试验设计,对改变该过程的多个因素以及二者之间产生的相互作用进行检测与评估，最终得到最适宜的水平区间。此外鉴于该方法充分具备开展试验的周期性相对较短、试验设计方案较为简单、优化次数相对减少、回归方程的准确度较高、分析试验结果获得的预测理论值也较为精确等多方面的优势，目前已得到广泛应用。

响应面相较于正交法更精准、便捷、高效。尽管正交法可以考虑几个因素和它们的最佳组合，正交法的试验次数也比响应面的试验次数少，但是正交法不能得出几个因素和它们的响应值之间的关系，也不能确定最佳因素对应的最优响应值，因此采用响应面法Box-Behnken试验可以更好的达到试验目的，优化BU396菌株发酵培养条件，从而提高抗菌蛋白的产量。

使用Design Expert 7.0软件得到数据，结果显示氮源、pH和培养时间对BU396菌株抗菌蛋白的产量有较大的影响，其中pH与菌株培养时间之间相互作用最为显著。软件分析得到的二次响应面回归模型中CV值为5.42%，说明该次试验准确度较高，数据较为可信。通过Design Expert 7.0软件设计得到了最佳培养条件，在pH为6.89，酵母浸粉用量为15.2 g/L，培养时间为23.84 h时，BU396菌株抗菌蛋白产生量最佳，为防治植物病虫害提供参考价值。

为了检验优化试验结果的准确性，按照响应面优化方案得到的最佳培养条件进行后续的验证试验，每组试验重复六次，随后通过NanoDrop 2000对各组抗菌蛋白的表达量进行检测，初始培养条件得到的AMEP蛋白表达量为0.342 mg/mL，优化后的抗菌蛋白的表达量为2.16 mg/mL，AMEP蛋白的产量提升了531.6%（以初始蛋白产量为100%作为计算基准），此外，优化试验得到AMEP蛋白产量的实际值与预测理论值（2.23 mg/mL）相比较，其相对误差值仅为0.031，结果表明，经响应面试验优化得到的发酵条件相关参数准确可靠，进一步验证了回归模型的有效性，与预期相符合。

第四节　本章小结

本试验采用响应面分析法对BU396的AMEP蛋白培养条件进行优化并确定了最佳发酵条件。使用甘露醇为碳源，在pH为6.89，酵母浸粉用量为15.2 g/L，培养时间为23.84 h时，BU396菌株产AMEP蛋白的表达量最佳，能够达到2.16 mg/mL。本研究结果为AMEP蛋白的工业化生产提供了重要的参考价值。

参考文献

[1] Khuri A I, Cornell J A. Response surfaces: design and analysis[M]. Marcel Dekker: New York, 1987.

[2] Adinarayana K, Ellaiah P, Srinivasulu B, et al. Response surface methodological approach to optimize the nutritional parameters for neomycin production by *Streptomyces marinensis* under solid-state fermentation[J]. Process Biochemistry, 2003, 38: 1565–1572.

[3] Elibol M. Optimization of medium composition for actinorhodin production by *Streptomyces coelicolor* A3(2) with response surface methodology[J]. Process Biochemistry, 2004, 39: 1057–1062.

[4] 王全, 王占利, 高同国, 等. 响应面法对解淀粉芽孢杆菌(*Bacillus amyloliquefaciens*)12–7产抗菌蛋白条件的优化[J]. 棉花学报, 2016, 28(03): 283–290.

[5] Reddy P R M, Ramesh B, Mrudula S, et al. Production of thermostable β-amylase by *Clostridium thermosulfurogenes* SV2 in solid-state fermentation: optimization of nutrient levels using response surface methodology[J]. Process Biochemistry, 2003, 39(01): 267–277.

[6] Guneet K, Sanjeev K, Satyanarayana T. Production, characterization and application of a thermostable polygalacturonase of a thermophilic mould *Sporotrichum thermophile* Apinis[J]. Bioresource Technology, 2004, 94(01): 239–243.

[7] Li R F, Wang B, Liu S, et al. Optimization of the expression conditions of CGA-N46 in *Bacillus subtilis* DB1342(p-3N46) by Response Surface Methodology[J]. Interdisciplinary Sciences Computational Life Sciences, 2016, 8(03): 277–283.

[8] Haddad N I, Gang H, Liu J, et al. Optimization of Surfactin production by *Bacillus subtilis* HSO121 through Plackett-Burman and response surface method[J]. Protein and Peptide Letters, 2014, 21(09): 885–893.

[9] Kim B, Kim J. Optimization of culture conditions for the production of biosurfactant by *Bacillus subtilis* JK-1 using response surface methodology[J]. Journal of the Korean Society for Applied Biological Chemistry, 2013, 56(03): 279–287.

[10] Zhang L, Zhang D, Zhang L P, et al. Optimization of fermentation medium for production of antibacterial peptides by *Bacillus subtilis* BSD-2[J]. Food Science, 2010, 31(03): 189–192.

第六章

AMEP 蛋白的作用机理初探

1977年第一代测序 Sanger 法诞生，意味着新的研究方法的产生，使得基因测序技术成为可能。通过双脱氧链末端终止法完成了第一个完整版的基因组图谱[1]，Sanger 法具有易操作、高准确度等优点，同时具有价格昂贵、耗用时间长等缺点，随着时代的发展，第一代测序技术无法满足基因研究的要求，出现了第二代和第三代测序技术，第二代测序技术已被广泛应用到各个领域的研究中，基因转录组测序又称为RNA测序（RNA-seq），是利用高通量测序仪，对基因转录情况进行深度测序分析的一项技术手段。广泛用于揭示生物学过程、候选基因挖掘、功能鉴定以及遗传改良等方面，已经成为转录组学研究的一项重要手段。RNA-seq 具有精度高，灵敏度好等优点[2]，对样本的基因表达谱检测更加全面精准。

转录组是指细胞中全部转录产物的总称，广义上包含信使RNA（mRNA）、转运RNA（tRNA）、核糖体RNA（rRNA）、非编码RNA（ncRNA）和Micro RNA（miRNA），狭义上为全部mRNA的总和[3]。转录过程可以把基因遗传信息与直接体现细胞功能和状态的蛋白质链接起来。转录水平的调节是生物体中最关键的调控手段，而且是近几年的热门研究方向。基于高通量测序的转录组测序技术（RNA-Seq）可以对某一组织或细胞中在任意状态下所有的mRNA的cDNA进行测序。根据测序得到cDNA小片段（Reads）数计算出不同mRNA的表达水平，同时通过解析转录本结构鉴定出未知或稀有转录本，准确的找到可变剪切位点和编码序列单核苷酸多样性，呈现最详尽的转录组信息。对转录组数据主要对不同组织、不同生长期、不同环境下的差异表达基因（Different expressiongenes，DEGs）进行筛选，对新基因功能进行预测[4-5]。转录组测序可以从全局水平分析基因功能和结构，阐明具体的生物代谢过程，已普遍用于挖掘植物候选基因、鉴定基因功能和遗传改良等方面。

近年来，人们已经对逆境胁迫下大豆（Glycine max）[6-7]、玉米（Zea mays）[8-9]、谷子（Setaria italic L.Beauv）[10-11]、高粱（Sorghum bicolor (L.) Moench）[12]、梨（Pyrus spp）[13]、木薯（Manihot esculenta Crantz）[14]、棉花（Gossypium spp）[15-17]、番茄（Solanum lycopersicum）[18]等的转录组学进行了深入研究分析，鉴定出应答胁迫的关键基因。RNA-seq已经被广泛应用于各类植物的逆境胁迫研究领域中，为人们了解植物抵御不良环境条件的抗性机制做出了突出贡献。

为了探究AMEP蛋白与植物和动物细胞的互作机理，摸索AMEP蛋白激发细胞后基因在转录水平的变化，本研究将AMEP蛋白对番茄和大豆以及肿瘤细胞4T1.2进行处理，进行转录组测序分析，找出差异表达的基因信息，通过GO和KEGG分析研究其引起细胞内部的信号途径变化。

第一节　AMEP 处理植物的作用机理

一、实验方法

（一）待试样品的准备和 AMEP 蛋白处理

大豆品种选用Williams 82，番茄品种采用M82。培养六周的大豆植株和培养8周的番茄植株用于AMEP蛋白处理。AMEP蛋白使用20 mM的Tris-HCl pH 8.0缓冲液稀释至50 μg/mL，使用喷壶均匀喷施在植物叶片上，至叶片上有可见液滴。24 h后采集对照和处理的叶片，使用锡纸包裹并标记后，进行液氮速冻，通过干冰运输至公司进行后续转录组分析。每组处理进行3个生物学重复。对照组叶片用CK表示，AMEP蛋白处理组叶片用T表示。

（二）转录组数据的质量控制

基于SBS（Sequencing By Synthesis）技术，Illu mina HiSeq2500 高通量测序平台对cDNA 文库进行测序，产出大量的原始序列（RawReads）。去掉带接头的reads、去掉含有 N 的序列和低质量的序列，得到高质量的测序序列（Clean reads）。

（三）参考序列比对分析

用 HISAT2 软件将质控后获得的 Clean Reads 与参考基因组进行序列比对，得到比对序列[19-22]。用 BLAST 软件将序列与 NR，Swiss-Prot，GO，COG，KEGG 数据库进行序列比对后进行注释，使用 KOBAS2.0 得到 KEGG Orthology 结果，获得序列注释信息[23-25]。

（四）基因表达定量

采用StringTie软件对比对到的序列进行拼接，利用HISAT2软件与参考基因组进行注释比较，为了真实的反应转录本表达水平，采用FPKM（Fra gmentsPer Kilobase of transcript per Million fra gments mapped）作为衡量转录本表达水平的指标[26-28]。

（五）差异表达基因筛选

本研究的目的是筛选出参与AMEP蛋白处理后植物的差异表达基因（different expressiongenes，DEGs），DEGs 的筛选分析是转录组测序的核心步骤，并对差异基因进行深入功能探索，采用 DESeq2 软件选择参数为变化倍数 Log2FC ≥ 2 且错误发现率（FDR<0.01）为筛选标准，将样本进行两两比较，鉴定差异表达基因[29-32]。

（六）差异表达基因 GO 功能注释和 KEGG 富集分析

国际标准化基因功能分类体系（Gene Ontology，GO），全面描述了生物体中基因和基因产物的属性，GO包含三个本体，分别描述了生物学过程（Biological Process）、细胞组分（Cellular Component）和分子功能（Molecular Function）[33]。

京都基因与基因组百科全书（Kyoto Encyclopedia of Genes and Genomes，KEGG）是1995年由日本京都大学生物信息中心实验室建立的，基因组测序数据库，利用图形更加直观的展示众多的代谢途径及各途径之间的关系，差异表达基因的通路富集分析是以全基因组为比对背景信息，应用超几何检验，找出差异表达基因参与的代谢途径[34]。

为了了解差异表达基因的功能，对差异表达基因进行了GO功能注释及GO功能富集分析，使用 BLAST 软件将比对出的DEGs与GO数据库进行序列比对，采用Top GO软件对差异基因进行GO和 KEGG功能富集分析，通过GO和KEGG功能显著富集分析能够确定AMEP蛋白处理后差异表达基因具有的主要生物学功能。

二、大豆转录组数据分析

（一）大豆转录组数据建库和质量分析

对大豆（对照组CK，AMEP蛋白处理T）的转录组测序下机数据进行质量分析，结果如表 6.1 所示。6个样品的转录组分析共获得40.84 Gb的Clean Data，各样品Clean Data均达到 6.2 Gb以上，Q30碱基百分比在94.04%以上。质量值Q ≥ 20的碱基数占总reads的97.95%~98.12%，质量值Q ≥ 30的碱基数占总reads的94.04%~94.35%，GC含量占总reads 的45.07%~47.27%。综合评价结果表明该转录组测序结果合格，可以进行下游数据分析。将有效的reads与大豆品种 Williams 82 的参考基因组数据进行比对，结果见表6–2。测序序列经过过滤后的序列数量统计（Clean reads）为41605244—49127610；能定位到基因组上的Clean reads数目（Total mapped）为84.91%~93.75%；在参考序列上有多个比对位置的Clean reads数目（Multiple mapped）为4.45%~7.35%；在参考序列上有唯一比对位置的Clean reads数目（Unique mapped）为77.56%~89.31%。综合评价结果表明该转录组数据与大豆参考基因组比对率高，数据满足下游分析要求。

表 6.1　大豆转录组数据质量表

Table 6.1　Quality table of soybean transcriptome data

Sample	Raw reads	Raw bases	Clean reads	Clean bases	Error rate(%)	Q20 (%)	Q30 (%)	GC content (%)
soy_CK1	46776286	7.06E+09	46129618	6.88E+09	0.0249	98.12	94.22	45.07
soy_CK2	46954248	7.09E+09	46262546	6.88E+09	0.0248	98.11	94.4	46.5
soy_CK3	42323746	6.39E+09	41605244	6.2E+09	0.0249	98.04	94.28	46.69
soy_T1	46121100	6.96E+09	45502336	6.77E+09	0.0251	98.05	94.04	45.19
soy_T2	46644876	7.04E+09	45844672	6.82E+09	0.0251	97.95	94.08	47.27
soy_T3	50025786	7.55E+09	49127610	7.3E+09	0.0248	98.07	94.35	46.08

注：（1）Sample：样品名称；（2）Raw reads：原始测序数据的总条目数（reads，代表测序读段，一个reads即为一条）；（3）Raw bases：原始测序总数据量（即Raw reads数目乘以reads读长）；（4）Clean reads：质控后测序数据的总条目数；（5）Clean bases：质控后测序总数据量（即Clean reads数目乘以reads长度）；（6）Error rate（%）：质控数据对应的测序碱基平均错误率，一般在0.1%以上；

（7）Q20（%）、Q30（%）：对质控后测序数据进行质量评估，Q20、Q30分别指测序质量在99%和99.9%以上的碱基占总碱基的百分比，一般Q20在85%以上，Q30在80%以上；（8）GC content（%）：质控数据对应的G和C碱基总和占总碱基的百分比。

表 6.2　大豆转录组数据与参照基因组比较

Table 6.2 Comparison of soybean transcriptome data with reference genome

Sample	Total reads	Total mapped	Multiple mapped	Uniquely mapped
soy_CK1	46129618	43248713(93.75%)	2051134(4.45%)	41197579(89.31%)
soy_CK2	46262546	40567795(87.69%)	3083340(6.66%)	37484455(81.03%)
soy_CK3	41605244	36580938(87.92%)	2844908(6.84%)	33736030(81.09%)
soy_T1	45502336	42173593(92.68%)	2131037(4.68%)	40042556(88.0%)
soy_T2	45844672	38925147(84.91%)	3368944(7.35%)	35556203(77.56%)
soy_T3	49127610	43625689(88.8%)	3113136(6.34%)	40512553(82.46%)

注：（1）Sample：样本名称；（2）Total reads：测序序列经过过滤后的序列数量统计（即Clean reads）；（3）Total mapped：能定位到基因组上的Clean reads数目；（4）Multiple mapped：在参考序列上有多个比对位置的Clean reads数目；（5）Unique mapped：在参考序列上有唯一比对位置的Clean reads数目。

（二）功能注释及统计

将基因/转录本与六大数据库（NR、Swiss-Prot、Pfam、EggNOG、GO和KEGG）进行比对，全面获得基因/转录本的注释信息并对各数据库注释情况进行统计。同时，提供基础检索和高级检索两种查询方式，以便快速锁定目标信息。

1. NR（ftp://ftp.ncbi.nlm.nih.gov/blast/db/）

NCBI_NR（NCBI非冗余蛋白库）为综合数据库，其中包含Swiss-Prot、PIR（Protein Information Resource）、PRF（Protein Research Foundation）和PDB（Protein Data Bank）蛋白质数据库中非冗余的数据以及从GenBank和RefSeq的CDS数据库中翻译所得的蛋白质数据。通过与NR数据库比对，可以查看本物种转录本序列与相近物种的相似情况，以及同源序列的功能信息。

2. Swiss-Prot（http://web.expasy.org/docs/swiss-prot_ guideline.html）

Swiss-Prot数据库是经注释的蛋白质序列数据库，由欧洲生物信息学研究所（EBI）维护。数据库由蛋白质序列条目构成，每个条目包含蛋白质序列、分类学信息、注释信息等。通过与Swiss-Prot数据库比对，可以详细了解目标序列注释中蛋白质的功能、转录后修饰、特殊位点和区域、二级结构、四级结构、与其它序列的相似性、序列残缺与疾病的关系、序列变异体和冲突等信息。

3. Pfam（http://pfam.xfam.org/）

Pfam数据库是一个蛋白质家族大集合，依赖于多序列比对和隐马尔可夫模型（HMMs）。蛋白质一般由一个或多个功能区构成，这些区通常被称为域。结构域的不同组合方式产生的蛋白质在自然界中各不相同。因此蛋白结构域的鉴别对分析蛋白质的功能来说尤其重要。

一般认为序列相似或结构域相似的蛋白具有相似的功能。首先对组装出来的转录本进行蛋白序列预测，然后通过HMMER3搜索已建好的蛋白结构域的HMM模型，从而对组装出来的转录本进行蛋白家族的注释。

4. EggNOG（Clusters of Orthologous Groups of proteins, http://www.ncbi.nlm.nih.gov/COG/）

由欧洲分子生物学实验室（EMBL, European Molecular Biology Laboratory）建立。其继承了NCBI COG的衣钵，极大的扩展了基因组信息。升级后的EggNOG提供了更细致的OG分析，可以根据物种所属的clade选择参考数据集，有效降低计算量，另一特色是还提供了与其它注释信息（KEGG/GO/SMART/PFAM）的关联。

5. GO（Gene Ontology, http://www. geneontology.org）

GO是基因本体论联合会建立的将全世界所有与基因有关的研究结果进行分类汇总的综合数据库。该数据库标准化了不同数据库中关于基因和基因产物的生物学术语，对基因和蛋白功能进行统一的限定和描述。

利用GO数据库，可以对基因和基因产物按照其参与的BP（BiologicalProcess，生物过程）、MF（Molecular Function，分子功能）及CC（Cellular Component，细胞组分）三个方面进行分类注释。在这三大分支下又分很多小层级（level），level级别数字越大，功能描述越细致。最顶层的三大分支视为level 1，之后的分级依次为level 2、level 3和level 4。通过GO注释，可以大致了解某个物种的全部基因产物的功能分类情况。

6. KEGG（Kyoto Encyclopedia of Genes and Genomes, http://www.genome.jp/kegg/）

KEGG（京都基因和基因组百科全书）是系统分析基因功能、联系基因组信息和功能信息的大型知识库。在生物体内，基因产物并不是孤立存在起作用的,不同基因产物之间通过有序的相互协调来行使其具体的生物学功能。因此, KEGG数据库中丰富的通路信息将有助于我们从系统水平去了解基因的生物学功能。通过与KEGG数据库比对,获得基因或转录本对应的KO编号,根据KO编号可以获得某基因或转录本可能参与的具体生物学通路情况。

为进一步了解转录组表达基因的功能及所在的代谢通路信息,将测序得到的全部差异基因和新基因比对到5大数据库(COG、GO、KEGG、Swiss-Prot、NR)中,对比所获得的基因如表6.3所示,可以看出,有42 898条基因在5个数据库被注释,有63 934条转录本5个数据库被注释。有36 940条基因在GO数据库中被注释,有17 487条基因在KEGG数据库中被注释,有40 221条基因在COG数据库中被注释,有42 853条基因在NR数据库中被注释,有33 798条基因在Swiss-Prot数据库中被注释,有34 962条基因在Pfam数据库中被注释。有55 539条转录本在GO数据库中被注释,有27 098条转录本在KEGG数据库中被注释,有60 848条转录本在COG数据库中被注释,有63 890条转录本在NR数据库中被注释,有51 795条转录本在Swiss-Prot数据库中被注释,有53 379条转录本在Pfam数据库中被注释。

表 6.3 基因和转录本比对到各数据库的信息

Table 6.3 The information of genes compared to the major databank

	Expre_Gene number (percent)	Expre_Transcript number (percent)	All_Gene number (percent)	All_Transcript number (percent)
GO	36 940(0.861 1)	55 539(0.868 7)	48 041(0.840 7)	76 750(0.856)
KEGG	17 487(0.407 6)	27 098(0.423 8)	21 627(0.378 4)	36 252(0.404 3)
COG	40 221(0.937 6)	60 848(0.951 7)	51 216(0.896 2)	82 857(0.924 1)
NR	42 853(0.999)	63 890(0.999 3)	56 609(0.990 6)	89 119(0.993 9)
Swiss-Prot	33 798(0.787 9)	51 795(0.810 1)	41 984(0.734 7)	69 580(0.776)
Pfam	34 962(0.815)	53 379(0.834 9)	44 029(0.770 5)	72 377(0.807 2)
Total_anno	42 866(0.999 3)	63 903(0.999 5)	56 631(0.991)	89 143(0.994 2)
Total	42 898(1.0)	63 934(1.0)	57 147(1)	89 662(1)

注:(1)Expre_Gene number(percent):本项目表达的基因(即至少在一个样本中的表达量不为0)在各数据库的注释情况;(2)Expre_Transcript number(percent):本项目表达的转录本(即至少在一个样本中的表达量不为0)在各数据库的注释情况;(3)All_Gene number(percent):该物种所有编码基因(包含

本次预测获得的新编码基因）在各数据库的注释情况；（4）All_Transcript number（percent）：该物种所有编码转录本（包含本次预测获得的新编码转录本）在各数据库的注释情况；（5）GO: 注释到GO库的基因/转录本数量；（6）KEGG: 注释到KEGG库的序列数量；（7）COG: 注释到COG库的基因/转录本数量；（8）NR: 注释到NR库的基因/转录本数量；（9）Swiss-Prot: 注释到Swiss-Prot库基因/转录本数量；（10）Pfam: 注释到Pfam库基因/转录本数量；（11）Total_anno：注释到数据库的基因/转录本总数目；（12）Total：总基因/转录本数目。

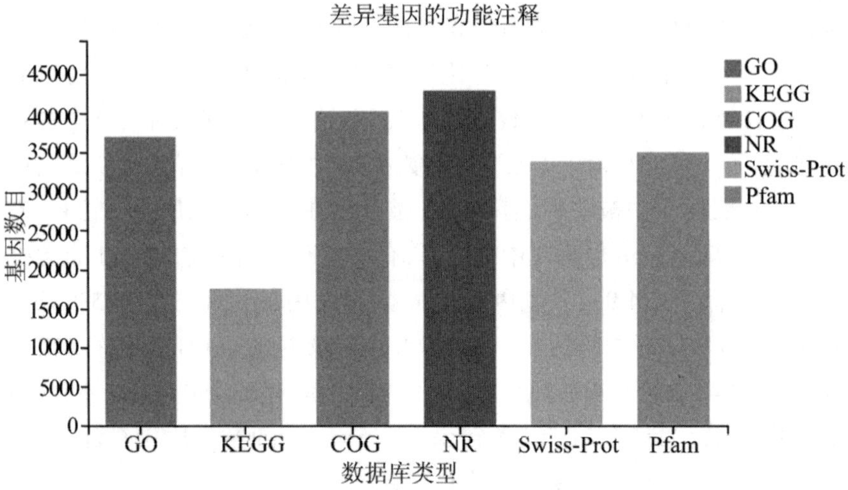

图 6.1 基因和转录本比对到各数据库的统计图

Figure 6.1 The genes and transcripts were compared to the statistical charts of each database

（三）差异基因表达情况

本次分析共检测到表达基因共44 080个，其中已知基因42 898 个，新基因1 182 个；表达转录本共88 741个，其中已知转录本63 934 个，新转录本24 807 个。

差异基因的火山图表示了与对照组相比较，处理组中差异表达的基因的整体分布情况。以基因在不同样本中差异表达倍数变化（log2, fold change）为横坐标，以基因表达量变化差异的统计学显著性（-log10, pvalue）为纵坐标，绘制差异表达基因的火山图，结果如图6.2 所示。与对照组相比较，AMEP蛋白处理的大豆中共有245个差异基因，其中上调表达基因数为64，下调表达基因数为181。其中，p-adjust值为0.05，上下调差异倍数为2.0。

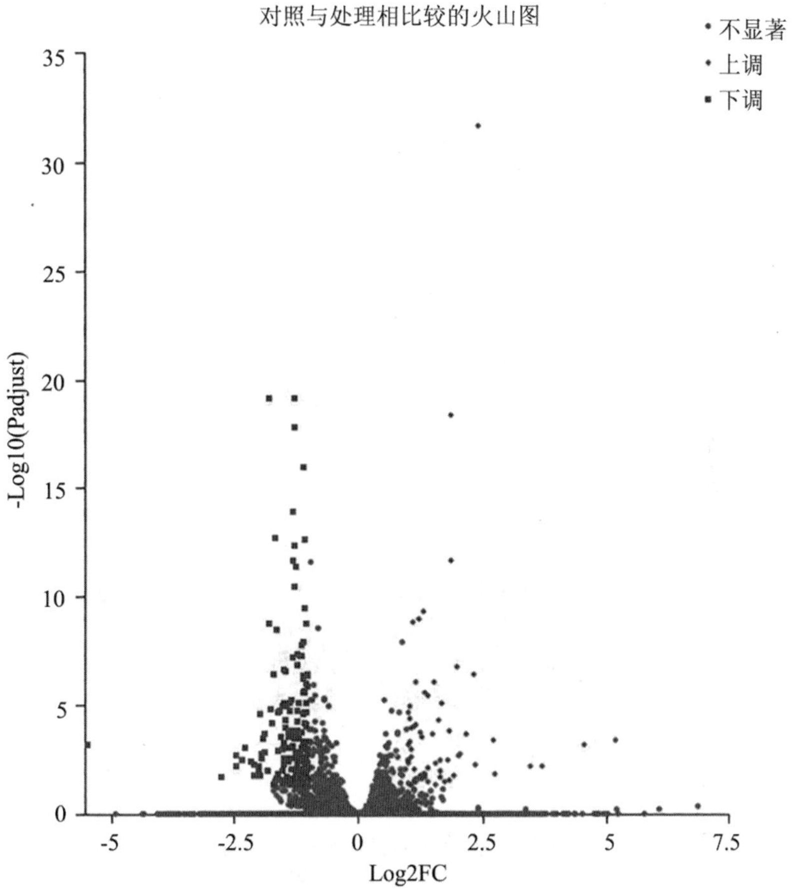

图 6.2　差异基因的火山图分析

Figure 6.2　Volcano map analysis of differential genes

注：红色代表上调的显著差异表达基因，蓝色代表下调的显著差异表达基因，灰色的点代表非显著性差异表达基因。

（四）基因的 GO 注释分析

GO(Gene Ontology)分为分子功能（Molecular Function）、生物过程（BiologicalProcess）、和细胞组成（Cellular Component）3 个部分。将分析得到的差异表达基因通过 ID 对应或者序列注释的方法找到与之对应的 GO 编号，进行基因功能的注解。

如图 6.3 所示，本研究中，AMEP 蛋白对大豆中基因注释的前十位 GO 条目分别为：催化活性（catalytic activity）、膜组分（membrane part）、结合（binding）、细胞组分（cell part）、代谢过程（metabolic process）、

膜(membrane)、细胞过程(cellular process)、生物调控(biological regulation)、细胞器(organelle)和定位(localization)。

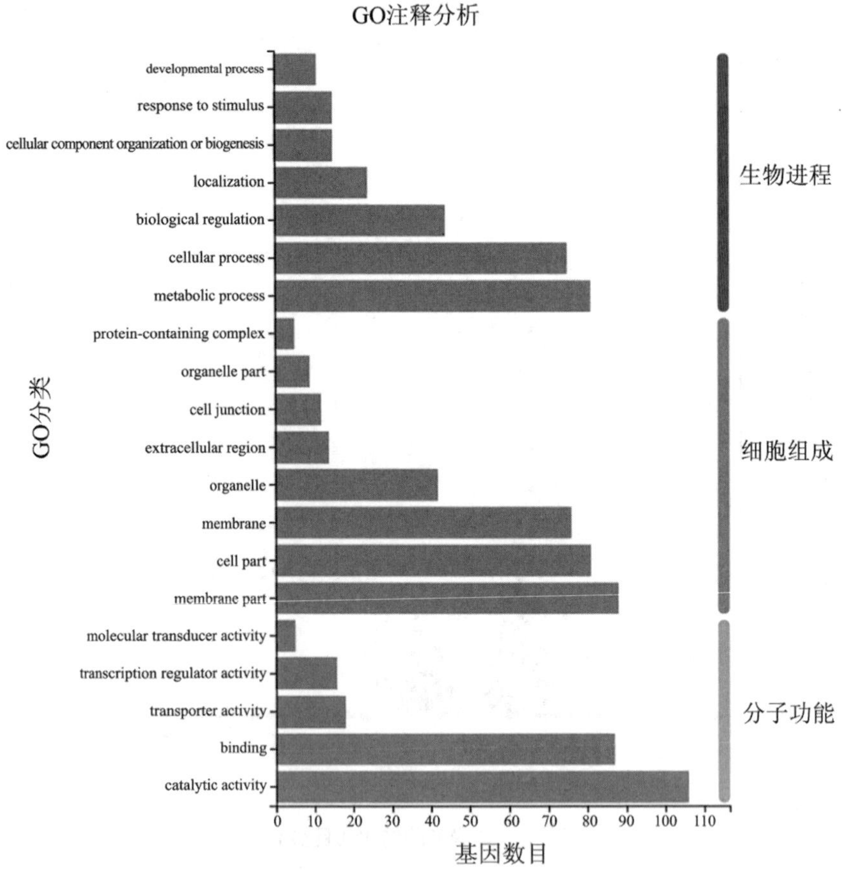

图 6.3 差异基因的 GO 注释分析

Figure 6.3 GOannotation analysis of differential genes

(五)差异基因的 KEGG 分析

在KEGG富集分析的散点图中,横坐标 Rich factor 指该 pathway 中富集到的差异基因个数与注释基因个数的比值, Rich factor 越大,表示富集的程度越大;纵坐标 pathway name 为代谢通路的名称;图中圆点的大小表示富集到该通路的基因的数目。

如图6.4所示,本研究中,AMEP处理大豆中差异表达基因主要显著性的富集到7条 KEGG pathway($P<0.05$)。这些 KEGG 通路主要包括脂肪酸延伸(Fatty acid elongation),角质、角质和蜡的生物合成

(Cutin, suberine and wax biosynthesis),植物病原互作(Plant-pathogen interaction),油菜素甾醇的生物合成(Brassinosteroid biosynthesis),聚酮糖单元的生物合成(Polyketide sugar unit biosynthesis),氨基糖和核苷酸糖代谢(A mino sugar and nucleotide sugar metabolism),异喹啉生物碱生物合成(Isoquinoline alkaloid biosynthesis)等代谢途径。

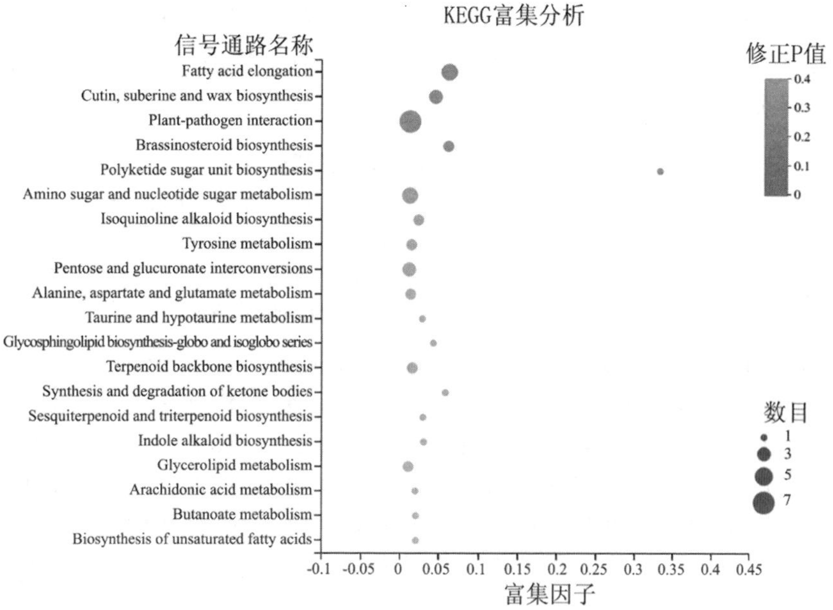

图 6.4 差异基因 KEGG 富集性散点图

Figure 6.4 Scatter plot of KEGG enrichment

三、番茄转录组数据分析

(一)转录组数据建库和质量分析

对番茄(对照组CK, AMEP处理T)的转录组测序下机数据进行质量分析,结果如表6.4所示。6个样品的转录组分析共获得40.81 Gb的Clean Data,各样品Clean Data均达到6.54 Gb以上, Q30碱基百分比在93.24%以上。质量值Q ≥ 20的碱基数占总reads的97.72 %~98.17 %,质量值Q ≥ 30的碱基数占总reads的93.24%~94.46%, GC含量占总reads的43.93 %~44.55 %。综合评价结果表明该转录组测序结果合格,可以进行下游数据分析。

将有效的reads与番茄品种 M82 的参考基因组数据进行比对,结果见表6.5。测序序列经过过滤后的序列数量统计(Clean reads)为43894750–47920566；能定位到基因组上的Clean reads数目(Total mapped)为92.63%~95.28%；在参考序列上有多个比对位置的Clean reads数目(Multiple mapped)为4.91%~6.67%；在参考序列上有唯一比对位置的Clean reads数目(Unique mapped)为86.03%~90.37%。综合评价结果表明该转录组数据与番茄参考基因组比对率高,数据满足下游分析要求。

表 6.4 番茄转录组数据质量分析

Table 6.4 Quality analysis of tomato transcriptome data

Sample	Raw reads	Raw bases	Clean reads	Clean bases	Error rate(%)	Q20 (%)	Q30 (%)	GC content (%)
tom_CK1	46 595 484	7.04E+09	45 909 090	6.84E+09	0.025 9	97.72	93.24	44.42
tom_CK2	45 628 344	6.89E+09	45 158 432	6.73E+09	0.024 7	98.17	94.46	43.93
tom_CK3	46 355 134	7E+09	45 664 430	6.8E+09	0.024 8	98.1	94.38	44.55
tom_T1	48 627 700	7.34E+09	47 920 566	7.13E+09	0.025 4	97.91	93.69	44.11
tom_T2	45 908 078	6.93E+09	45 295 176	6.77E+09	0.024 9	98.07	94.29	44.47
tom_T3	44 531 784	6.72E+09	43 894 750	6.54E+09	0.024 9	98.06	94.23	44.5

注:(1)Sample：样品名称;(2)Raw reads：原始测序数据的总条目数(reads,代表测序读段,一个reads即为一条);(3)Raw bases：原始测序总数据量(即Raw reads数目乘以reads读长);(4)Clean reads：质控后测序数据的总条目数;(5)Clean bases：质控后测序总数据量(即Clean reads数目乘以reads长度);(6)Error rate(%):质控数据对应的测序碱基平均错误率,一般在0.1%以上;(7)Q20(%)、Q30(%):对质控后测序数据进行质量评估,Q20、Q30分别指测序质量在99%和99.9%以上的碱基占总碱基的百分比,一般Q20在85%以上,Q30在80%以上;(8)GC content(%):质控数据对应的G和C碱基总和占总碱基的百分比。

表 6.5 番茄转录组数据与参照基因组比较

Table 6.5 Comparison of tomato transcriptome data with reference genome

Sample	Total reads	Total mapped	Multiple mapped	Uniquely mapped
tom_CK1	45 909 090	42 526 323(92.63%)	3 030 027(6.6%)	39 496 296(86.03%)
tom_CK2	45 158 432	43 026 263(95.28%)	2 218 223(4.91%)	40 808 040(90.37%)
tom_CK3	45 664 430	42 413 090(92.88%)	3 046 203(6.67%)	39 366 887(86.21%)
tom_T1	47 920 566	45 081 552(94.08%)	2 818 181(5.88%)	42 263 371(88.19%)

续表

Sample	Total reads	Total mapped	Multiple mapped	Uniquely mapped
tom_T2	45 295 176	42 514 141(93.86%)	2 910 235(6.43%)	39 603 906(87.44%)
tom_T3	43 894 750	41 099 366(93.63%)	2 713 373(6.18%)	38 385 993(87.45%)

注：（1）Sample：样本名称；（2）Total reads：测序序列经过过滤后的序列数量统计（即Clean reads）；（3）Total mapped：能定位到基因组上的Clean reads数目；（4）Multiple mapped：在参考序列上有多个比对位置的Clean reads数目；（5）Unique mapped：在参考序列上有唯一比对位置的Clean reads数目。

（二）功能注释及统计

将基因/转录本与六大数据库（NR、Swiss-Prot、Pfam、EggNOG、GO和KEGG）进行比对，全面获得基因/转录本的注释信息并对各数据库注释情况进行统计。同时，提供基础检索和高级检索两种查询方式，以便快速锁定目标信息。

为进一步了解转录组表达基因的功能及所在的代谢通路信息，将测序得到的全部差异基因和新基因比对到5大数据库（COG、GO、KEGG、Swiss-Prot、NR）中，对比所获得的基因如表6.6所示，可以看出，有26 524条基因在5个数据库被注释，有25 766条转录本5个数据库被注释。有20 587条基因在GO数据库中被注释，有10 590条基因在KEGG数据库中被注释，有24 015条基因在COG数据库中被注释，有25 155条基因在NR数据库中被注释，有20 151条基因在Swiss-Prot数据库中被注释，有19 108条基因在Pfam数据库中被注释。有20 074条转录本在GO数据库中被注释，有10 240条转录本在KEGG数据库中被注释，有23 361条转录本在COG数据库中被注释，有24 468条转录本在NR数据库中被注释，有19 588条转录本在Swiss-Prot数据库中被注释，有18 448条转录本在Pfam数据库中被注释。

表 6.6 基因和转录本比对到各数据库的信息

Table 6.6 The information of genes compared to the major databank

	Expre_Gene (percent)	Expre_Transcript (percent)	All_Gene (percent)	All_Transcript (percent)
GO	20 587(0.776 2)	20 074(0.779 1)	28 213(0.701 3)	28 480(0.698 6)
KEGG	10 590(0.399 3)	10 240(0.397 4)	13 600(0.338 1)	13 713(0.336 4)
COG	24 015(0.905 4)	23 361(0.906 7)	32 182(0.8)	32 469(0.796 4)

续表

	Expre_Gene (percent)	Expre_Transcript (percent)	All_Gene (percent)	All_Transcript (percent)
NR	25 155(0.948 4)	24 468(0.949 6)	35 638(0.885 9)	35 978(0.882 5)
Swiss-Prot	20 151(0.759 7)	19 588(0.760 2)	26 558(0.660 2)	26 774(0.656 7)
Pfam	19 108(0.720 4)	18 448(0.716)	24 530(0.609 8)	24 530(0.601 7)
Total_anno	25 187(0.949 6)	24 496(0.950 7)	35 751(0.888 7)	36 092(0.885 3)
Total	26 524(1.0)	25 766(1.0)	40 229(1)	40 769(1)

注：(1) Expre_Gene number (percent)：本项目表达的基因(即至少在一个样本中的表达量不为0) 在各数据库的注释情况；(2) Expre_Transcript number (percent)：本项目表达的转录本(即至少在一个样本中的表达量不为0) 在各数据库的注释情况；(3) All_Gene number (percent)：该物种所有编码基因(包含本次预测获得的新编码基因) 在各数据库的注释情况；(4) All_Transcript number (percent)：该物种所有编码转录本(包含本次预测获得的新编码转录本) 在各数据库的注释情况；(5) GO：注释到GO库的基因/转录本数量；(6) KEGG：注释到KEGG库的序列数量；(7) COG：注释到COG库的基因/转录本数量；(8) NR：注释到NR库的基因/转录本数量；(9) Swiss-Prot：注释到Swiss-Prot库基因/转录本数量；(10) Pfam：注释到Pfam库基因/转录本数量；(11) Total_anno：注释到数据库的基因/转录本总数目；(12) Total：总基因/转录本数目。

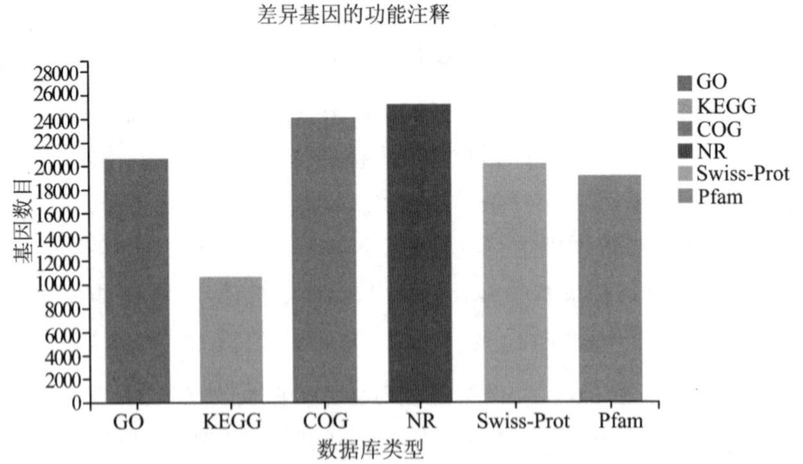

图 6.5 基因和转录本比对到各数据库的统计图

Figure 6.5 The genes and transcripts were compared to the statistical charts of each database

（三）差异基因表达情况

本次分析共检测到表达基因共27 275个，其中已知基因26 524个，新基因751个；表达转录本共40 561个，其中已知转录本25 766个，新转录本14 795个。

差异基因的火山图表示了与对照组相比较，处理组中差异表达的基因的整体分布情况。以基因在不同样本中差异表达倍数变化（log2，fold change）为横坐标，以基因表达量变化差异的统计学显著性（–log10，pvalue）为纵坐标，绘制差异表达基因的火山图，结果如图6.7 所示。与对照组相比较，AMEP蛋白处理的番茄中共有402个差异基因，其中上调表达基因数为78，下调表达基因数为324。其中，p–adjust值为0.05，上下调差异倍数为2.0。

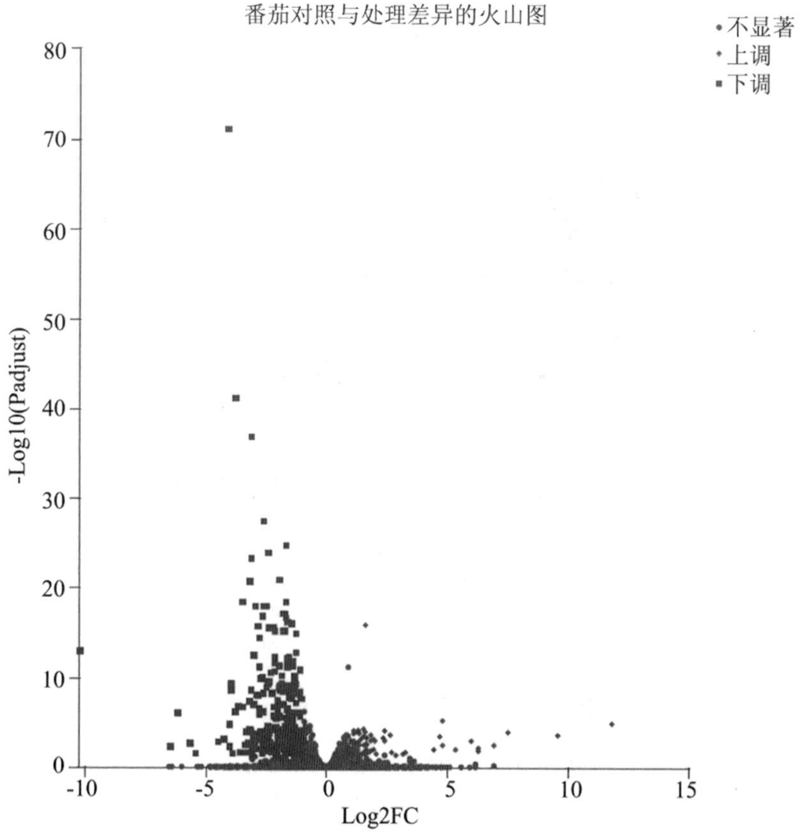

图 6.6 差异基因的火山图分析

Figure 6.6 Volcano map analysis of differential genes

注：红色代表上调的显著差异表达基因，蓝色代表下调的显著差异表达基因，灰色的点代表非显著性差异表达基因。

（四）基因的 GO 注释分析

GO(Gene Ontology)分为分子功能（Molecular Function）、生物过程（Biological Process）、和细胞组成（Cellular Component）3 个部分。将分析得到的差异表达基因通过 ID 对应或者序列注释的方法找到与之对应的 GO 编号，进行基因功能的注解。

如图 6.7 所示，本研究中，AMEP 蛋白对番茄基因的注释的前十位 GO 条目分别为：结合（binding）、催化活性（catalytic activity）、膜组分（membrane part）、代谢过程（metabolic process）、细胞过程（cellular process）、细胞组分（cell part）、生物调控（biological regulation）、膜（membrane）、刺激响应（response to stimulus）和细胞器（organelle）。

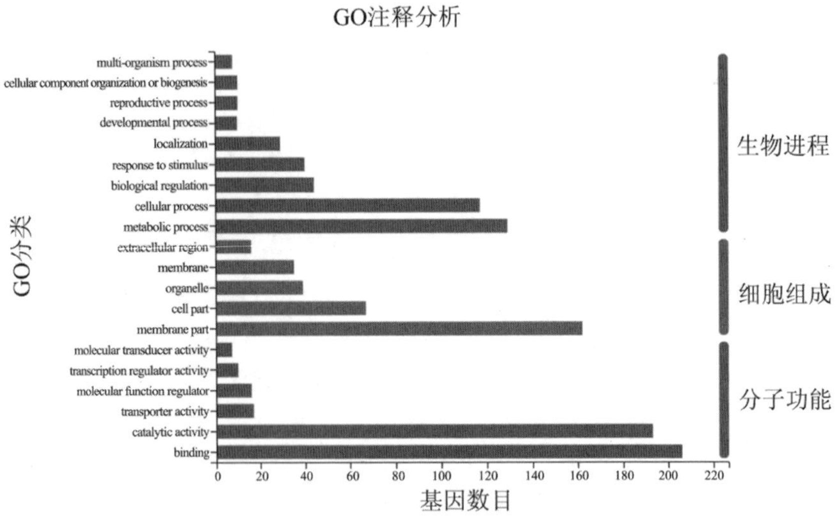

图 6.7　基因的 GO 注释分析

Figure 6.7　GOannotation analysis of genes

（五）差异基因的 KEGG 分析

在KEGG富集分析的散点图中，横坐标Rich factor指该pathway中富集到的差异基因个数与注释基因个数的比值，Rich factor越大，表示富集的程度越大；纵坐标pathway name为代谢通路的名称；图中圆点的大小表示富集到该通路的基因的数目。

如图 6.8 所示，本研究中，AMEP蛋白下番茄中差异表达基因主要显著性的富集到 11 条 KEGG pathway（$P<0.05$）。这些 KEGG 通路主要包括植物病原互作（Plant-pathogen interaction）、MAPK 信号途径（MAPK signaling pathway)、苯丙素生物合成(Phenylpropanoid biosynthesis)、二萜类生物合成(Diterpenoid biosynthesis)、二苯乙烯、二芳基庚烷和姜辣素的生物合成(Stilbenoid, diarylheptanoid and gingerol biosynthesis)、磷脂酰肌醇信号系统(Phosphatidylinositol signaling system)、油菜素甾醇的生物合成(Brassinosteroid biosynthesis)、甘油磷脂代谢(Glycerophospholipid metabolism),亚油酸代谢(Linoleic acid metabolism)、乙醚脂质代谢(Ether lipid metabolism)、谷胱甘肽代谢(Vita min B6 metabolism)等代谢途径。

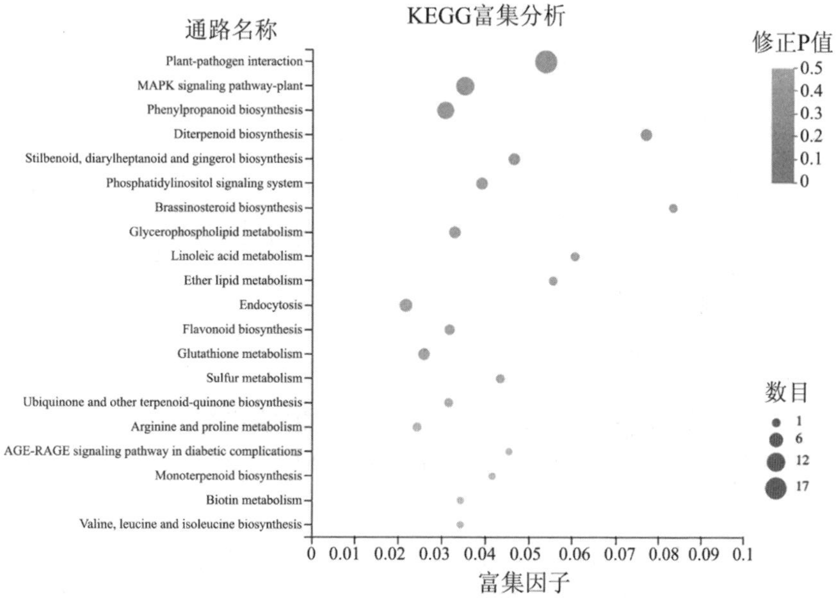

图 6.8 番茄差异基因 KEGG 富集性散点图

Figure 6.8 Scatter plot of KEGG enrichment in Tomato

四、AMEP 与受体作用及下游信号通路分析

上文中提到,AMEP蛋白主要引起了植物与病原互作(Plant-pathogen interaction)、异喹啉生物碱生物合成(Isoquinoline alkaloid biosynthesis)、亚油酸代谢(Linoleic acid metabolism)和植物激素信号转导(Plant hormone signal transduction)代谢途径的转录水平变化。这说明AMEP蛋白能够被番茄细胞识别为外源病原,进而引起内部激素水平调节和抗逆性相关物质表达,从而提高抗病性。在植物与病原互作通路中(图6.9),AMEP蛋白主要引起了FLS2、CAM/CML和CDPK的转录水平变化,导致

Pto和PR1的上调,引发过敏反应和防御相关基因的表达。进一步分析发现，AMEP蛋白以PAMP模式被番茄识别,主要涉及细菌鞭毛蛋白的识别模式,其细胞膜表面受体为FLS2。但分析比对AMEP蛋白与鞭毛蛋白的有效序列flg22后发现,两者之间不存在任何相似性,这说明AMEP蛋白与受体FLS2之间的互作存在新的分子机制,值得进一步深入研究。

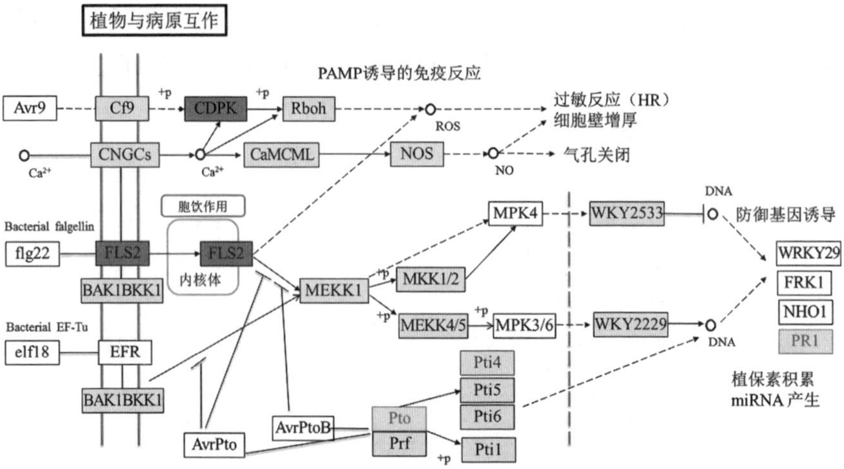

图 6.9　AMEP 引起植物病原互作通路中的基因表达变化

Figure 6.9　Changes of gene expression in plant pathogen interaction pathway caused by AMEP

在植物激素信号转导通路中(图6.10)，AMEP蛋白主要引起了茉莉酸(JA)和水杨酸(SA)信号途径的变化。现有研究表明不同的激发子类型会引起不同的信号途径变化,而两条途径之间也存在相互作用。具体到本项目中AMEP引起的信号途径变化,则有待后续展开深入研究。此外,一些与抗逆相关的代谢物(如前面提到的生物碱和亚油酸等)的代谢途径也值得细致研究,以全面揭示AMEP与番茄的互作关系。

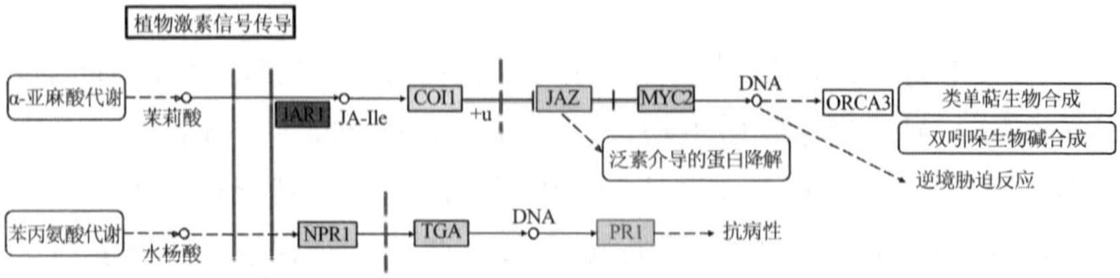

图 6.10　AMEP 引起植物激素信号转导通路中的基因表达变化

Figure 6.10　Changes of gene expression in plant hormone signal transduction pathway induced by AMEP

第二节　AMEP 蛋白的生物信息学分析

AMEP蛋白编码基因位于贝莱斯芽孢杆菌CBMB205的一个操纵子上，该操纵子翻译产物为四个蛋白，且在编码第一个蛋白前面有一段空位，推测是其操纵子的启动子区域。启动子是基因表达调控的重要顺式元件，其结构与功能的研究是分子生物学的研究热点之一[35]。通过分析确定翻译四个蛋白的操纵子的启动子-10区和-35区。同一个操作子下的基因之间多存在功能上的关联和互补性，因此本部分内容对贝莱斯芽孢杆菌株所编码的四个蛋白进行生物信息学分析，以及对操纵子的启动子进行预测。

一、AMEP 基因的生物信息分析方法

（一）基因和蛋白序列的获取

使用NCBI（https://www.ncbi.nlm.nih.gov/）的Nucleotide数据库在线搜索贝莱斯芽孢杆菌CBMB205菌株基因，在搜索框内输入“NZ_CP011937.1”序列号，点击“Search”。

（二）启动子的预测

使用Promoter 2.0（http://www.cbs.dtu.dk/services/Promoter/）软件对贝莱斯芽孢杆菌株CBMB205进行启动子预测分析。

（三）蛋白的基本理化性质分析

使用ProtParam（http：//web.expasy.org/protparam）分析蛋白的理化性质，将胞嘧啶通透性蛋白（蛋白1）、AMEP蛋白（蛋白2）、ABC转运体ATP结合蛋白（蛋白3）以及一个未知蛋白（蛋白4）氨基酸序列输入到ProtParam 在线分析网站的序列框中，点击运行程序，计算多个物理和化学参数（分子量、等电点、半衰期等）；使用蛋白质在线分析软件ProtScale(https：//web.expasy.org/protscale/）分析蛋白的亲水性或疏水性。

（四）蛋白信号肽的分析

使用SignalP-5.0（http://www.cbs.dtu.dk/services/SignalP/）分析蛋白的信号肽。

（五）蛋白的二级结构及结构域的分析

使用PSIPRED（http://bioinf.cs.ucl.ac.uk/psipred）对四个蛋白进行二级结构预测。

用 CDD（https://www.ncbi.nlm.nih.gov/Structure/cdd/docs/cdd_search.html）对四个蛋白进行结构域分析。

（六）蛋白三级结构预测及建模

采用Swiss-Model同源性模型预测蛋白质的三级结构。将四个蛋白的序列提交在线程序Swiss-Model（http：/swissmodel.expasy.org/），并根据数据分析模型准确性。

二、结果与分析

（一）蛋白的基因，蛋白序列的获取

使用NCBI的Nucleotide数据库搜索该菌株的序列号NZ_CP011937.1，然后点击Graphics，找到所要研究的贝莱斯芽孢杆菌CBMB205菌株对应的四个蛋白胞嘧啶通透性蛋白（WP_032875674.1）、AMEP蛋白（WP_017418614.1）、ABC转运体ATP结合蛋白（WP_017418613.1）以及一个未知蛋白（WP_032875670.1）的序列号，如图6.16所示。

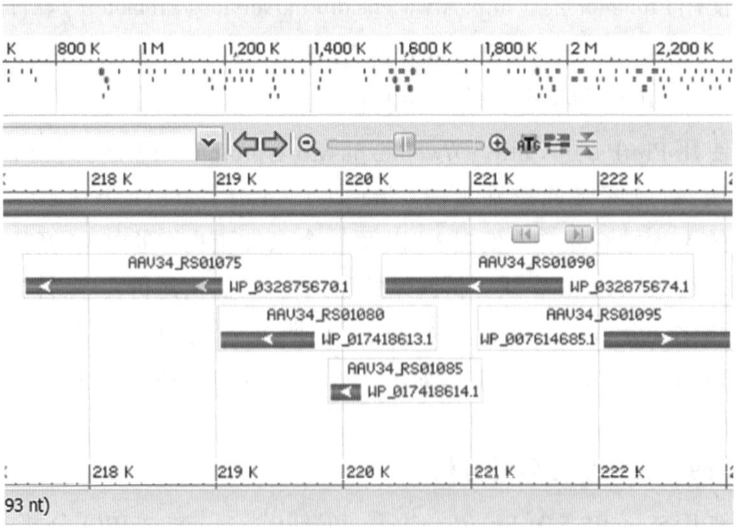

图 6.16　同一操纵子下四个蛋白的位置

Figure 6.16　The location of four proteins in the same operon

（二）蛋白的基本理化性质分析

经过ProtParam分析可知，胞嘧啶通透性蛋白由465个氨基酸组成，相对分子质量为51 734.56 Da，等电点为9.45。该氨基酸序列中Ala的数量最多，为40个，可占到总氨基酸总数的8.6%。带负电荷的残基(Asp+Glu)总数为20个，带正电荷的残基(Arg+Lys)总数为31个，分子式为$C_{2455}H_{3767}N_{577}O_{610}S_{19}$，原子总数为7 428个。在大肠杆菌中的半衰期大于10小时，蛋白质亲水性的平均值为0.737。不稳定指数为32.63，为稳定的蛋白质。

AMEP蛋白由76个氨基酸组成，相对分子质量为8 361.12 Da，等电点为10.05。该氨基酸序列中Lys的数量最多，为12个，可占到总氨基酸总数的15.8%。带负电荷的残基(Asp+Glu)总数为2个，带正电荷的残基(Arg+Lys)总数为12个，分子式为$C_{402}H_{629}N_{95}O_{94}S_{2}$，原子总数为1 222个。在大肠杆菌中的半衰期大于10 h，蛋白质亲水性的平均值为0.359。不稳定指数为1.35，为稳定的蛋白质。

ABC转运体ATP结合蛋白由243个氨基酸组成，相对分子质量为27 927.09 Da，等电点为5.54。该氨基酸序列中Ile的数量最多，为29个，可占到总氨基酸总数的11.9%。带负电荷的残基(Asp+Glu)总数为35个，带正电荷的残基(Arg+Lys)总数为30个，分子式为$C_{1257}H_{1997}N_{321}O_{379}S_{8}$，原子总数为3 962个。在大肠杆菌中的半衰期大于10小时，蛋白质亲水性的平均值为–0.300 0。不稳定指数为34.87，为稳定的蛋白质。

未知蛋白由518个氨基酸组成，相对分子质量为60 379.02 Da，等电点为9.62。该氨基酸序列中Ile的数量最多，为75个，可占到总氨基酸总数的14.5%。带负电荷的残基(Asp+Glu)总数为24个，带正电荷的残基(Arg+Lys)总数为48个，分子式为$C_{2885}H_{4465}N_{661}O_{720}S_{14}$，原子总数为8 745个。在大肠杆菌中的半衰期大于10小时，蛋白质亲水性的平均值为0.685。不稳定指数为35.40，为稳定的蛋白质。

经过ProtScale在线分析软件对胞嘧啶通透性蛋白、AMEP蛋白、ABC转运体ATP结合蛋白以及一个未知蛋白的亲水性、疏水性分析结果。如图6.17所示。ABC转运体ATP结合蛋白亲水性和疏水性区域基本上间隔分布。另外三个蛋白疏水性区域较多。

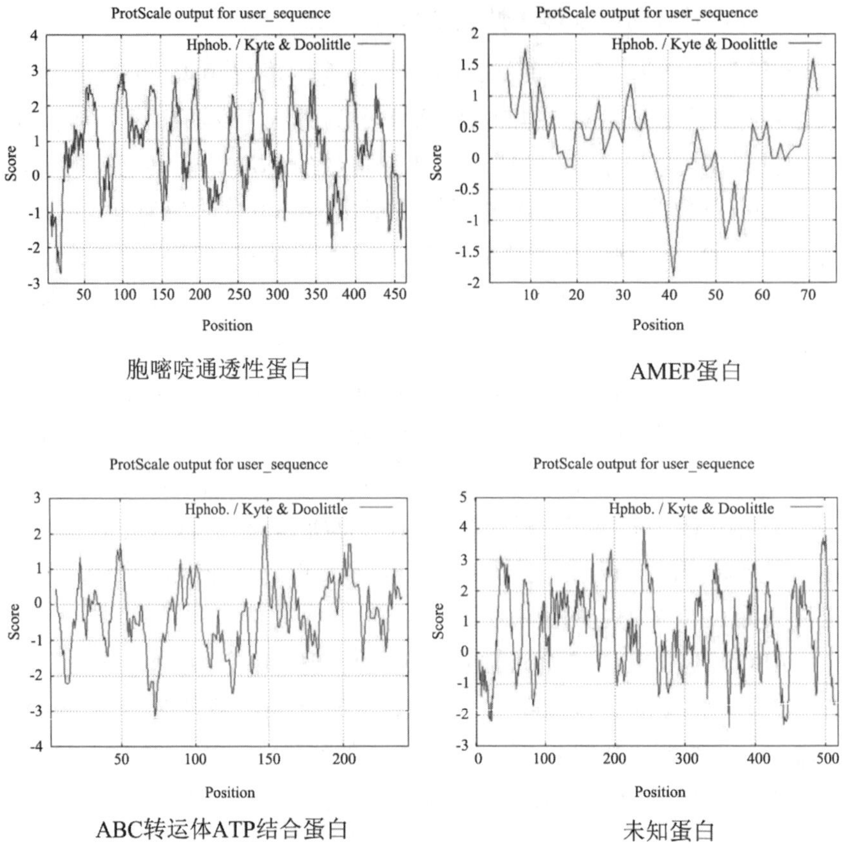

图 6.17 四个蛋白的亲疏水性

Figure 6.17 Hydrophilicity and hydrophobicity of four proteins

（三）蛋白信号肽的分析

使用Signal-5.0 软件分析四个蛋白的信号肽可知,胞嘧啶通透性蛋白信号肽0.022，TAT信号肽0.000 3,脂蛋白信号肽0.006 4；AMEP蛋白信号肽0.211 4，TAT信号肽0.137 9,脂蛋白信号肽0.026 8；ABC转运体ATP结合蛋白信号肽0.059，TAT信号肽0.000 9,脂蛋白信号肽为0.003 2；未知蛋白信号肽0.001 8，TAT信号肽0.000 1,脂蛋白信号肽为0.007 9。由此可知四个蛋白都无明显的信号肽,而AMEP蛋白是存在于胞外,推测其是利用了ABC转运体运输至细胞外。

（四）蛋白的三级结构预测及建模

预测及建模如图6.18所示。

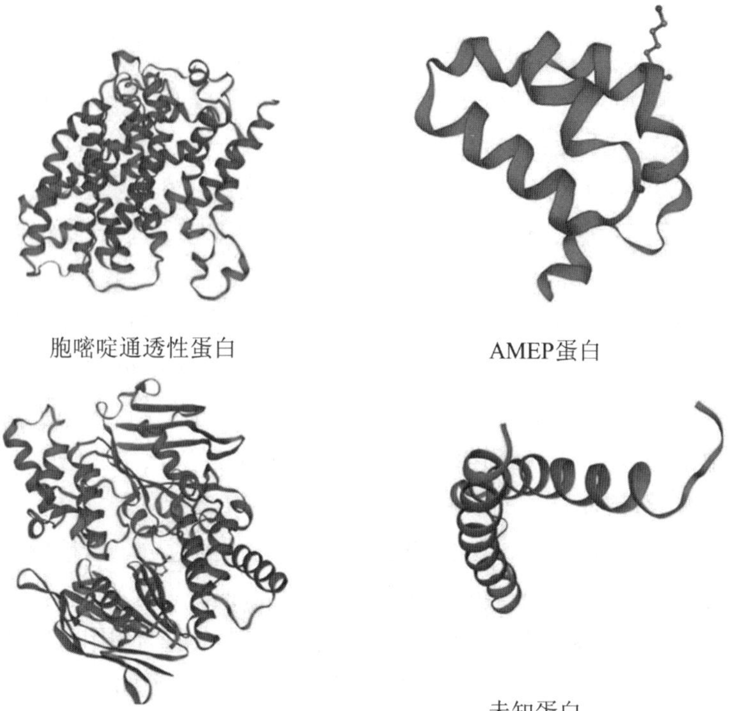

图 6.18　四个蛋白的 Swiss-Model 建模

Figure 6.18　Swiss model modeling of four proteins

第三节　AMEP 蛋白与 FLS2 受体的分子对接

近年来除了各种类型的蛋白激发子不断被发现外，激发子作用的分子靶标、分子机制研究亦不断深入，并主要集中在激发子受体、诱导免疫反应的信号通路等有关技术的突破，促进了植物免疫诱抗剂的快速发展。到现在为止，所了解的蛋白激发子的受体仅有小部分，如细菌鞭毛蛋白（Flagellin）flg22 的受体 FLS2（Flagellin-sensing 2），细菌转录延伸因子 Tu（EF-Tu）elf18 的受体 EFR，以及水稻上几丁质受体等。

细菌的鞭毛蛋白（FLAGELLIN）flg22 是一个重要的 PAMP，植物可以感知到这个蛋白，从而启动自身的防卫反应，植物感知的雷达，也就是识别受体就是FLS2这个蛋白，同时，根据之前的研究结果，还有一个蛋白BAK1也参与到了这个识别过程中。经过研究终于得到了这三个蛋白之间的结构，在鞭毛蛋白不存在的时候，也就是没有发现细菌的时候，FLS2和BAK1这两个蛋白是各自分开，一旦鞭毛蛋白出现，两者就会结合抵御外敌，鞭毛蛋白中的一个小肽段flg22的一端会连在FLS2上，另一端会连在BAK1上，就这样，这三个蛋白会紧紧连接在一起，形成一个复合体，然后这个复合体就会向细胞内传递危险信号，从而启动植物自身的免疫反应。

分子对接就是两个或多个分子之间通过几何匹配和能量匹配而相互识别的过程。分子对接在药物设计中已经体现出十分重要的应用价值。在酶激活剂、酶抑制剂与酶相互作用以及药物分子产生药理反应的过程中，小分子（Ligand）与靶标（Receptor）相互结合，首先需要两个分子充分接近，采取合适的取向，使两者在必要的部位相互契合后发生相互作用，通过调整构象得到稳定的复合物结构。通过分子对接确定配体和受体在结合过程中正确的相对位置和取向，研究两个分子的构象，特别是底物构象在形成复合物过程中的变化，是确定药物作用机制和新药设计的基础。它的原理就像是诱导契合理论，类似的锁匙。

本节将采用的是discovery studio 2018 client中蛋白质–蛋白质的刚体对接。预测AMEP与4MN8蛋白的作用靶点，以及与目的蛋白的三维空间结合，为AMEP的进一步开发提供新的思路。

一、收集 FLS2 蛋白的结构模型 4MN8

4MN8结构模型可以在NCBIPDB数据库中下载（https://www.ncbi.nlm.nih.gov/），搜索“4MN8”即可，进入页面点击download，保存为*.pdb格式备用。

二、获取 AMEP 蛋白质结构

因为AMEP蛋白质是未经完全开发的产品，所以不能在NCBIPDB数据库中找到其相关模型以及3D模型，所以我只能根据其已经被测序的76个已知氨基酸进行同源建模，本实验用I—TASSER（zhanglab.ccmb.med.umich.edu）进行绘制，将绘制的文件保存为*.pdb格式，并且得到的*pdb模型同源相似性为100%，以保证后续对接结果的准确性。具体步骤如下：我们将已经测出的序列输入进序列框，AMEP蛋白的序列为MFGPILKALKALVSKVPWGKVASFLKWAGNLAAAAAKYSYTSGKKILAYIQKHPGKIVDWFLKGYSVYDVIKMILG。这时只是同源建模，然后在该实验中再由自己设计二硫键链接，二级结构。所以我们从头建模的氨基酸一个也不缺少。如图6.19所示。

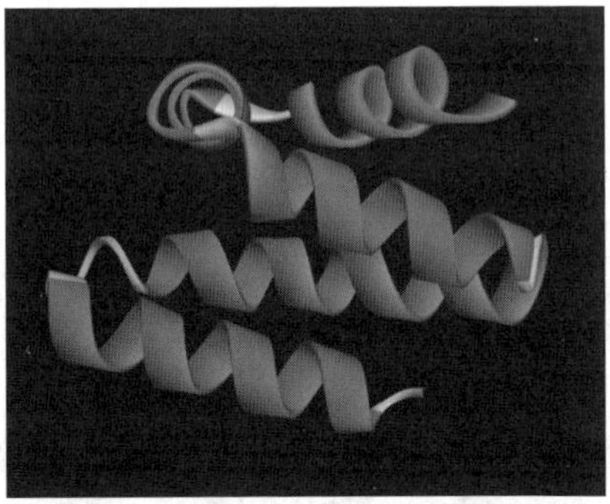

图 6.19　AMEP 蛋白的三维结构预测图

Figure 6.19　Three dimensional structure prediction map of AMEP protein

三、受体蛋白及配体蛋白的前处理

（一）受体蛋白 4MN8 的前处理

因为解析出来的蛋白质，蛋白晶体结构测定氢原子不全，而且解析出来的蛋白质的水也会应影响对接的效果。所以，本实验的受体蛋白前处理须先将受体蛋白4MN8加氢，去水。具体操作步骤如下，先用PyMOL（anaconda3）导入受体蛋白4MN8的文件，在输入框中输入“h_add”的指令，该软件会自动帮助加氢，在输入框中输入“delete water”的指令，该软件会自动帮助你删去实验所不需要的水。然后导出pdb格式储存备用。自此，受体蛋白4MN8的前处理就完成了

（二）配体蛋白 AMEP 的前处理

为配体蛋白AMEP是本研究团队自己构建的，不存在解析出来的蛋白质的问题，所以我们只需要加氢就可以，具体的实验步骤如下：将

配体蛋白 AMEP 导入 PyMOL（anaconda3 64 bit），在指令框中输入“h_add”，PyMOL（anaconda3）会自动帮助进行加氢的操作。自此，配体蛋白 AMEP 的前处理就完成了。

（三）分析 4MN8 蛋白质的活性位点

研究 4MN8 蛋白质，并查阅相关论文可知，chain C 为受体，本实验的预计目的是增强 AMEP 的功效，所以本实验计划在 chain C 的活性位点区域进行对接。具体的实验步骤如下：将 4MN8 蛋白质文件导入 Discovery studio 2018 client 进行分析，我们可以观察到 chain C 在蛋白质上的结合位点，黄色部分为 chain C。Receptor-Ligand interaction>define site>选中 chain C>from current selection。生成的文件类似在 Auto dock 中的 map 格式的文件，计算机将活性位点自动记录，为之后的蛋白对接做准备（图 6.20）。

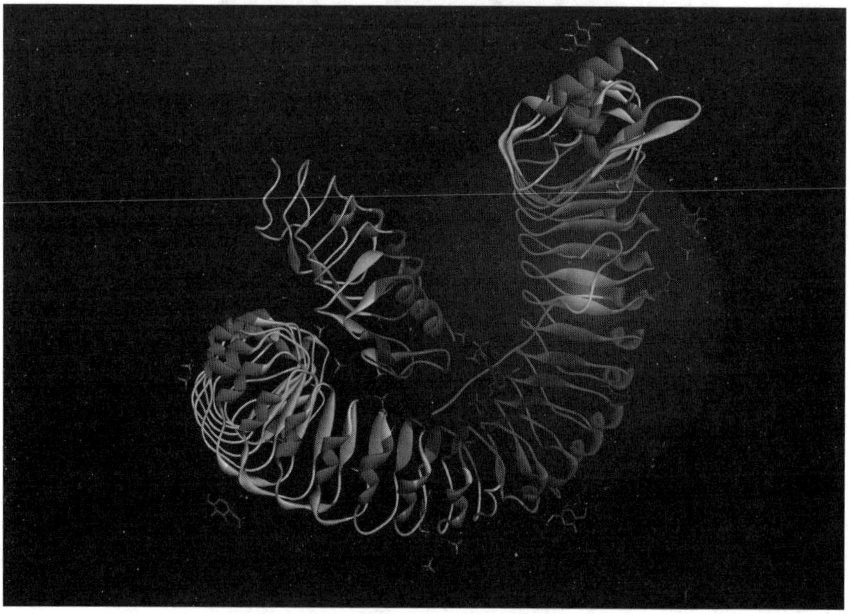

图 6.20　4MN8 蛋白质的活性位点分析

Figure 6.20　The active site analysis of 4MN8

（四）受体蛋白 4MN8 在 discovery studio 2018 client 中的处理

本研究将 AMEP 与 4MN8 蛋白质进行分子对接，以 4MN8 蛋白为例，在 Discovery studio 2018 client 中加载之前处理过的 4MN8.pdb 文件。前面说过了，加氢蛋白质分子结构在解析时是无法扫描到氢原子的，所以要进行加氢处理。为了避免分子对接时水产生的结果，以及其他的配体对实验结果的影响。具体步骤：本实验用Discovery studio 2018 client自带的clean protein处理一下蛋白质。随后将chain C进行删除，其他没用的小分子删除，也就是文件中的Hetatm删除。如图6.21中用黄色记号所标注处来的都会影响实验结果。

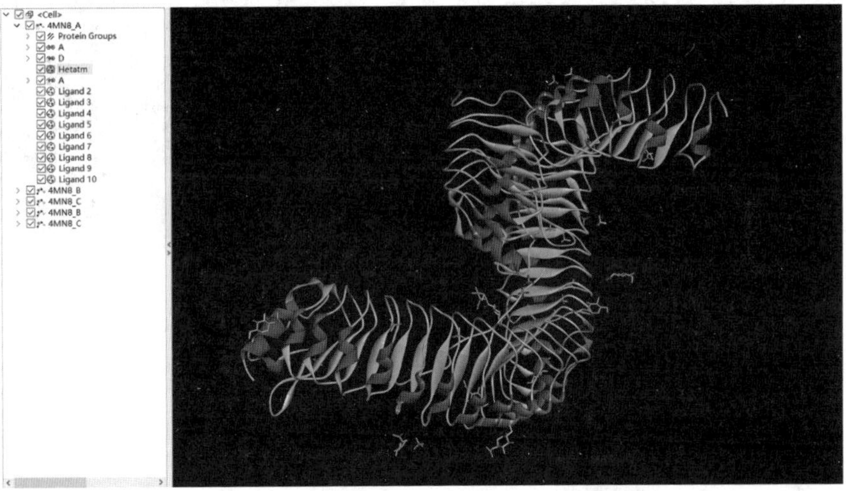

图6.21 受体蛋白4MN8对接前的预处理

Figure 6.21 The pretreatment of receptor protein 4MN8 before docking

（五）蛋白—蛋白刚性对接

回到前面处理4MN8蛋白的窗口，具体流程如下：Macromolecules>dock and analyze protein>dock protein>process protein>define protein。注意，在Dock protein中将4MN8设置为receptor protein，将AMEP蛋白设置为ligand protein。运行完Dock protein，会出来一个表格，一般排序靠前的都是系统自动优化过的。本节在这里拿rank1举例，选择process protein，将4MN8设置为receptor protein，将AMEP蛋白设置为ligand protein。将pose设置为rank1的pose。再运行一下会得到结合能最低的一个构象。

我们再将这个构象进行refine protein，这里受体，配体蛋白的输入一定要是进行process protein之后的蛋白，接着，会生成一个复合物的3D文件，我们通过Zscore的打分，进行筛选一个打分最高的姿势。就会得到我们的复合物。蓝色部位为配体，红色部位为受体。自此，蛋白—蛋白的刚性对接就完成了（图6.22）。

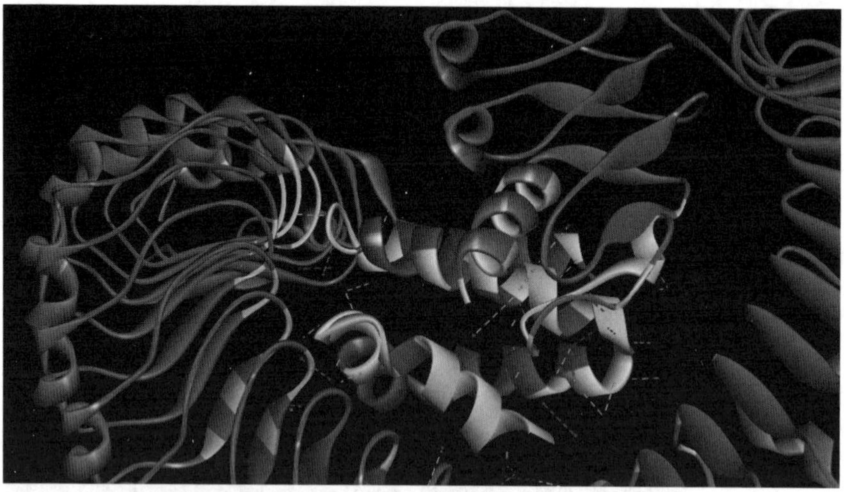

图 6.22 复合物中每个氨基酸的相互作用

Figure 6.22 Interaction of each a mino acid in the complex

AMEP:LYS37:HZ2—B:ASP50:OD2

A:LYS411:NZ—AMEP:GLY76:OCT1

AMEP:LYS63:NZ—A:GLU270:OE2

A:TYR131:HH-AMEP:SER14:O

A:ASN153:HD21—AMEP:PRO17:O

A:TYR272:HH —AMEP:LEU62:O

A:TYR296:HH—AMEP:LYS63:O

A:LYS411:HZ1—AMEP:lLE74:O

A:LYS411:H1—AMEP:GLY76:OCT2

A:LYS411HZ2—AMEP:GLY76:OCT2

A:THR434:HG1—AMEP:GLY76:OCT1

A:ARG482:HE—AMEP:SER39:OG

A:ARG482:HH11—AMEP:LYS37:O

B:LYS36:HZ1—AMEP:ALA32:O

B:LYS44:HZ3—AMEP:TYR40:OH

AMEP:TRP27:HE1—A:GLU249:OE2

AMEP:LYS37:HN—B:TRP49:O

AMEP:LYS37:HZ1—B:THR58;OG1

AMEP:TYR38:HH-B:ASP50:OD2

AMEP:TYR40:HH—B:GLN47:OE1

AMEP:LYS63HZ1-A:GLU270:OE

AMEP:SER66:HG—A:TYR296:OH

AMEP:TYR68:HH—B:ALA51:O

AMEP:LYS72:HZ3—B;THR52:O

B:SER33:CB—AMEP:ASN30:OD1

B:ASP50:CA—AMEP:ALA33:O

AMEP:GLY19:CA-A:GLY201:O

AMEP:SER39:CB-A:GLU458:OE2

AMEP:SER42:CB—A:GLU458:OE2

AMEP:GLY64:CA-A:GLU249:OE2

A:GLN268:HE21—AMEP:LYS63:HZ1

A:ARG482:HH12—AMEP:TYR40:HN

B:ASP50:HN-AMEP:LYS37:HZ3

B:ASPS0:OD2—AMEP:TYR38

AMEP:LYS20:CB—A:TYR177

A:VAL364—AMEP:MET73

B:ALA51—AMEP:ALA33

B:ALA51—AMEP:ALA34

AMEP:PRO17—A:LEU129

AMEP:ALA38—B:LYS36

A:TYR272H—AMEP:LYS63

A:PHE435—AMEP:LEU75

AMEP:TYR68—B:ALA51

综上所述,蛋白激发子AMEP蛋白在理论上是可以与4MN8蛋白质产生相互作用,可以产生联系。这说明AMEP蛋白可能是以FLS2蛋白为受体,起作用模式可能与鞭毛蛋白类似,这在理论上为蛋白激发子AMEP的机理研究提供了线索。

参考文献

[1] 杨峰，车天宇，米璐，等. 转录组测序技术在生物学研究中的现状及展望[J]. 畜牧与兽医，2019, 51(3): 133–138.

[2] Mutz K O, Heilkenbrinker A, Lönne M, et al. Transcriptome analysis using next–generation sequencing [J]. Current opinion in biotechnology, 2013, 24(1): 22–30.

[3] Wang Z, Gerstein M, Snyder M. RNA–Seq: a revolutionary tool for transcriptomics [J]. Nature Reviews Genetics. 2009, 10(1): 57–63.

[4] Marguerat S, Bähler J. RNA–seq: from technology to biology [J]. Cellular & Molecular Life Sciences. 2010, 67(4): 569–579.

[5] Wilhelm B T, Landry J. RNA–Seq–quantitative measurement of expression through massively parallel RNA–sequencing [J]. Methods. 2009, 48(3): 249–257.

[6] 赵婉莹，于太飞，杨军峰，等. 大豆GmbZIP16的抗旱功能验证及分析[J]. 中国农业科学，2018, 51(15): 6–18.

[7] Chen W, Yao Q, Patil GB, et al. Identification and comparative analysis of differential gene expression in soybean leaf tissue under drought and flooding stress revealed by RNA–Seq [J]. Frontiers in plant science, 2016, 7: 1044.

[8] 郝陆洋. 基于玉米根系转录组测序的耐旱基因挖掘及Zmhdz6的功能分析[D]. 北京：中国农业科学院，2018.

[9] Danilevskaya ON, Yu GX, Meng X, et al. Developmental and transcriptional responses of maize to drought stress under field conditions [J]. Plant direct, 2019, 3(5): 1–20.

[10] 王庆国，李臻，管延安，等. 干旱胁迫下谷子的转录组分析 [J]. 山东农业科学，2018, 50(10): 6–12.

[11] Jayakodi M, Madheswaran M, Adhimoolam K, et al. Transcriptomes of Indian barnyard millet and barnyardgrass reveal putative genes involved in drought adaptation and micronutrient accumulation [J]. Acta Physiologiae Plantarum, 2019, 41(5): 66.

[12] 邵丹阳. 干旱胁迫下甜高粱（辽甜一）转录组分析[D]. 开封：河南大学，2018.

[13] 王华, 汪王微, 刘春旖, 等. 干旱处理下2个梨品种转录组差异表达基因分析 [J]. 华南农业大学学报, 2018, 39(04): 61-67.

[14] 王斌. 木薯抗旱性关联分析和两个MYB基因自然变异分析[D]. 武汉: 华中农业大学, 2018.

[15] 范竹萱. 棉花调控细胞核内复制基因Ga TOP6B在耐干旱胁迫中的功能研究[D]. 郑州: 郑州大学, 2018.

[16] 包秋娟. 干旱胁迫下棉花转录组分析[D]. 乌鲁木齐: 新疆大学, 2018.

[17] Ranjan A, Sawant S. Genome-wide transcriptomic comparison of cotton (Gossypium herbaceum) leaf and root under drought stress [J]. 3 Biotech, 2015, 5(4): 585-596.

[18] Eom S H, Lee H J, Lee J H, et al. Identification and Functional Prediction of Drought-Responsive Long Non-Coding RNA in Tomato [J]. Agronomy, 2019, 9(10): 629.

[19] Kim D, Pertea G, Trapnell C, et al. TopHat2: accurate alignment of transcriptomes in the presence of insertions, deletions and gene fusions [J]. Genome biology, 2013, 14(4): R36.

[20] Kim D, Langmead B, Salzberg S L. HISAT: a fast spliced aligner with low memory requirements [J]. Nature methods, 2015, 12(4): 357-360.

[21] Trapnell C, Williams B A, Pertea G, et al. Transcript assembly and quantification by RNA-Seq reveals unannotated transcripts and isoform switching during cell differentiation [J]. Nature biotechnology, 2010, 28(5): 511-515.

[22] Pertea M, Pertea G M, Antonescu C M, et al. StringTie enables improved reconstruction of a transcriptome from RNA-seq reads [J]. Nature biotechnology, 2015, 33(3): 290-295.

[23] Buchfink B, Xie C, Huson D H. Fast and sensitive protein alignment using DIAMOND [J]. Nature methods, 2015, 12(1): 59-60.

[24] Finn R D, Clements J, Eddy S R. HMMER web server: interactive sequence similarity searching [J]. Nucleic acids research, 2011, 39(suppl_2): W29-W37.

[25] Liao Y, Smyth G K, Shi W. featureCounts: an efficient general purpose program for assigning sequence reads to genomic features [J]. Bioinformatics, 2013, 30(7): 923-930.

[26] Li B, Dewey C N. RSEM: accurate transcript quantification from RNA-Seq data with or without a reference genome [J]. BMC bioinformatics, 2011, 12(1): 323.

[27] Love M I, Huber W, Anders S. Moderated estimation of fold change and dispersion for RNA-seq data with DESeq2 [J]. Genome biology, 2014, 15(12): 550.

[28] Wang L, Feng Z, Wang X, et al. DEGseq: an R package for identifying differentially expressed genes from RNA-seq data [J]. Bioinformatics, 2009, 26(1): 136-138.

[29] Robinson M D, McCarthy D J, Smyth G K. edgeR: a Bioconductor package for differential expression analysis of digital gene expression data [J]. Bioinformatics, 2010, 26(1): 139-140.

[30] Tang H, Klopfenstein D, Pedersen B, et al. GOATOOLS: tools for gene ontology [J]. Zenodo., 2015.

[31] McKenna A, Hanna M, Banks E, et al. The Genome Analysis Toolkit: a MapReduce framework for analyzing next-generation DNA sequencing data [J]. Genome research, 2010, 20(9): 1297-1303.

[32] Shen S, Park J W, Lu Z, et al. rMATS: robust and flexible detection of differential alternative splicing from replicate RNA-Seq data [J]. Proceedings of the National Academy of Sciences, 2014, 111(51): E5593-E5601.

[33] Conesa A, Götz S, García-Gómez J M, et al. Blast2GO: a universal tool for annotation, visualization and analysis in functional genomics research [J]. Bioinformatics, 2005, 21(18): 3674-3676.

[34] Mao X, Cai T, Olyarchuk J G, et al. Automated genome annotation and pathway identification using the KEGG Orthology (KO) as a controlled vocabulary [J]. Bioinformatics, 2005, 21(19): 3787-3793.

[35] 王秋岩，何淑雅，马云，等. 启动子分析方法的研究进展 [J]. 现代生物医学进展,2015,15(14): 2794-2800.

第七章

AMEP 蛋白制剂的应用

随着全球可持续发展潮流的兴起，绿色生产或绿色制造已成为未来产业发展的必然趋势[1-3]。随着人类对环境的要求越来越高，要求农药必须向低毒、无公害方向发展。绿色生物农药正是这样一类既满足上述要求又与环境相容的绿色农药，它与化学农药相比，具有选择性强、无污染、不易产生抗药性、不破坏生态环境且生产原料广泛等特点，应用前景广阔。发展绿色生物农药，将在生物农业领域起到重要支撑作用，并逐步发展成为战略性新兴产业[4-6]。

北大荒农垦集团九三分公司地处嫩江县、讷河市和五大连池市境内，共有耕地379.1万亩，下辖11个农场，是国家重要的商品粮生产基地。以生产优质非转基因大豆而闻名，有“中国绿色大豆之都”的美誉。多年来，九三分公司一直以打造中国大豆食品专用原料生产基地为己任，不断推进国产大豆高质量发展，并屡获殊荣。“九三大豆”也已成为中国绿色非转基因大豆的一张亮丽的“黄金名片”。“九三大豆”种植区位于黑龙江省西北部，北纬48° ~50° ，东经124° ~126° ，属寒温带湿润季风气候区，年平均气温0.4℃，日照时数2 500 h左右，平均降水量400 mm左右，无霜期110天左右。处于黑龙江省第四、第五积温带，大于等于10℃的有效积温年平均值为2 200 ℃左右，属于典型的高纬度低热量的旱作农业区，光、热、水同季，昼夜温差大，独特的气候条件和地理环境给大豆提供了良好的生长条件[7-12]。

九三分公司地处“世界三大黑土地带”之一的松嫩平原，黑土占耕地面积的的80%以上，黑土层土体深厚，厚度在40~80 cm，有机质含量丰富，含量为5%~7%，pH 6.0~6.5，土质疏松肥沃，有利于大豆蛋白质和脂肪的形成和积累。区域内特有的“黑土地”为大豆提供了得天独厚的自然优势，是高油、高蛋白大豆的生态适宜种植区，因而被称为大豆种植的“黄金地带”。“九三大豆”籽粒为圆形或椭圆形，色泽光滑、粒大、粒圆、饱满、皮薄，脐色为淡黄白色，完整率达95%以上。“九三大豆”品质优越，豆类营养指标参数高。蛋白质含量 40%以上，蛋白质和脂肪总量大于60%，铁含量大于7 mg/100 g，锌含量大于28 mg/kg，维生素E含量大于2 mg/100 g。优质的“九三大豆”吸引了大量的消费需求，在消费需求和品牌影响的拉动下，大豆绿色产业发展迅速[13-16]。

随着可持续农业的不断发展以及化学农药抗性和污染问题的日益严重，生物农药越来越受到重视，并成为综合防治的主要部分。植物免疫诱导和激发子研究是近年绿色生态农药研究中新的增长点。蛋白激发子具备诱导增强植物抗病性、抗逆性的特性，将其研制成新型蛋白质农药，产品对非靶标生物安全、对环境兼容性好，不会引起植物的抗性，同时能提高作物的产量及品质，可以减少或不使用化学农药，从而达到绿色产品和有机食品的要求，符合当前我国农业产业结构调整，具有非常广阔的市场前景和良好的市场竞争能力[17-19]。通过使用AMEP蛋白免疫激活剂，能够高效推进“九三大豆”的绿色化种植。坚持质量兴农、绿色兴农，使农产品的供给更加有利于资源优势的发挥，更加有利于生态环境的保护，真正形成更有效率、更有效益、更可持续的供给[20, 21]。作为“九三大豆”绿色种植技术规程中的关键一环，AMEP蛋白免疫激活剂及可以减少化肥、农药的使用量，增强大豆的抗性，提高最终产量和品质，全面提升农产品质量安全和市场竞争力。本项目的成功实施将助力“九三大豆”的绿色有机标识在国内外筑建良好的品牌形象，提高社会影响力，也为国家的粮食安全保驾护航。

第一节 实施概况

项目先后与九三分公司进行对接，最终确定实施单位尖山农场和红五月农场。具体地点为：尖山农场有机大豆田、红五月农场第二管理区有机大豆田。项目进行了田间喷施AMEP制剂的试验，其中，尖山农场于7月4日、7月17日分别进行两次喷施，大豆分别处于初花期和初荚期。红五月农场于7月4日、8月3日分别进行两次喷施，大豆分别处于初花期和顶荚期。期间，九三分公司农业局局长吕彦学到现场进行考察指导。10月4日副校长张东杰、新农村发展研究院院长宫占元等对项目进行现场考察。如下图7.1~图7.4所示。

图 7.1　农垦九三分公司红五月农场大豆地块

Figure 7.1　Soybean plot of hongwuyue farm

图 7.2　作者与农场负责人在现场研讨喷施策略

Figure 7.2　The author discussed the spraying strategy with the person in char ge of the farm

图 7.3 AMEP 制剂喷施所用的机械设备

Figure 7.3 Machinery and equipment for spraying AMEP

图 7.4 收获前作者向领导汇报测产情况

Figure 7.4 The author reported to the leader the situation of yield measurement before harvest

第二节　结果与分析

一、AMEP 蛋白制剂对大豆植株性状的影响

从表7.1和图7.5到图7.8可以看出，尖山农场和红五月农场种植的大豆在7月18号调查时AMEP蛋白溶液处理区的植株生物学性状好于对照区，蛋白处理的大豆比未作处理的大豆总体上效果好，在株高、节数、地上鲜重和地上干重上差异明显。在尖山和红五月两个品种上AMEP蛋白溶液的加入使株高、节数、地上鲜重和地上干重都呈增加的趋势。与对照组相比AMEP蛋白溶液的加入可以有效的促进大豆植株农艺性状的生长。

表 7.1　AMEP 蛋白制剂喷施处理 15 天后调查结果

Table 7.1　The investigation results at 15 days after AMEP treatment

处理组	株高	节数	地上鲜重	地上干重
尖山 CK	62.17 ± 2.63b	10.00 ± 1.12b	18.53 ± 1.03b	8.42 ± 1.33b
尖山 T	72.67 ± 2.82a	13.45 ± 0.88a	24.07 ± 0.96a	11.75 ± 0.72a
红五月 CK	41.41 ± 2.09b	8.45 ± 0.82b	21.44 ± 0.96b	8.24 ± 1.02b
红五月 T	56.95 ± 1.72a	11.65 ± 0.93a	24.96 ± 0.89a	12.36 ± 1.42a

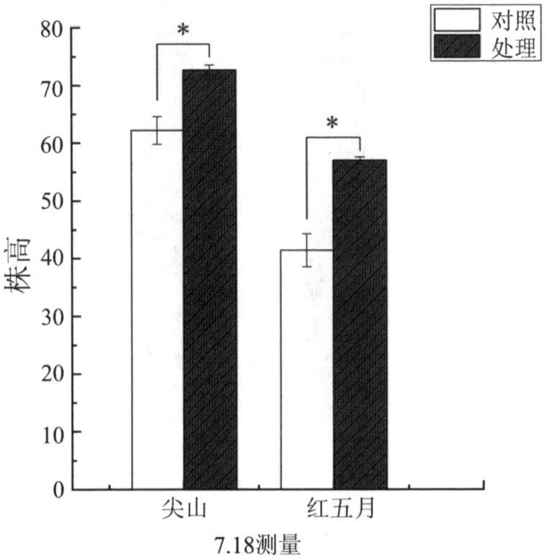

图 7.5　AMEP 蛋白制剂喷施处理 15 天后株高对比

Figure 7.5　The comparison of hei ght at 15 days after AMEP treatment

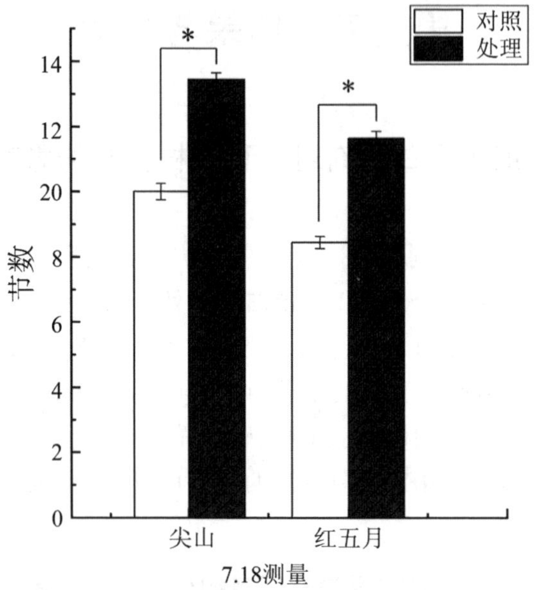

图 7.6　AMEP 蛋白制剂喷施处理 15 天后节数对比

Figure 7.6　The comparison of nods at 15 days after AMEP treatment

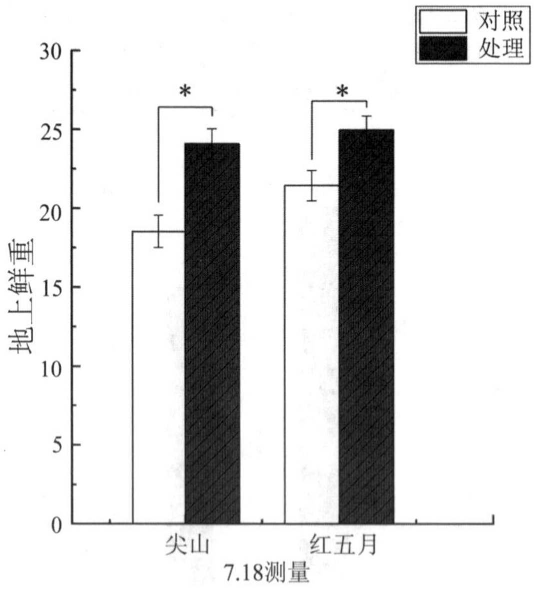

图 7.7　AMEP 蛋白制剂喷施处理 15 天后地上鲜重对比

Figure 7.7　The comparison of up ground wet weight at 15 days after AMEP treatment

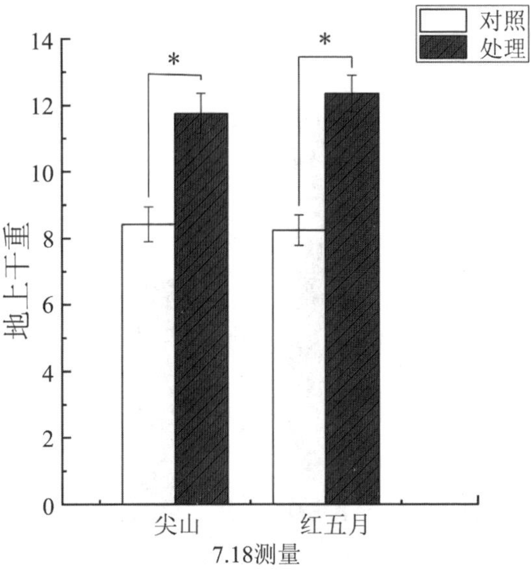

图7.8 AMEP蛋白制剂喷施处理15天后地上干重对比

Figure 7.8 The comparison of up ground dry weight at 15 days after AMEP treatment

从表7.2和图7.9到图7.11可以看出，在八月三号调查测量的尖山农场和红五月农场喷施AMEP蛋白溶液的处理组和未喷施的对照组分析中，在尖山农场种植的大豆对照组和处理组在荚数、株高和地上干重三个方面均有明显差异，喷施AMEP蛋白后大豆的荚数、株高和地上干重都比未喷施的显著增加。在红五月农场除荚数外，株高和地上干重都明显增加，且差异明显。说明喷施AMEP蛋白溶液对大豆植株的株高、节数、地上鲜重和地上干重都有较大影响，可以提高大豆的茎节生长。

表7.2 AMEP蛋白制剂喷施处理30天后调查结果

Table 7.2 The investigation results at 30 days after AMEP treatment

处理组	荚数	株高	地上干重
尖山CK	18.79 ± 0.75b	82.10 ± 1.93b	20.00 ± 1.00b
尖山T	25.44 ± 0.98a	96.46 ± 1.84a	33.83 ± 1.19a
红五月CK	13.14 ± 1.29a	74.10 ± 1.30b	21.47 ± 1.86b
红五月T	14.82 ± 1.11a	91.64 ± 1.05a	30.59 ± 1.65a

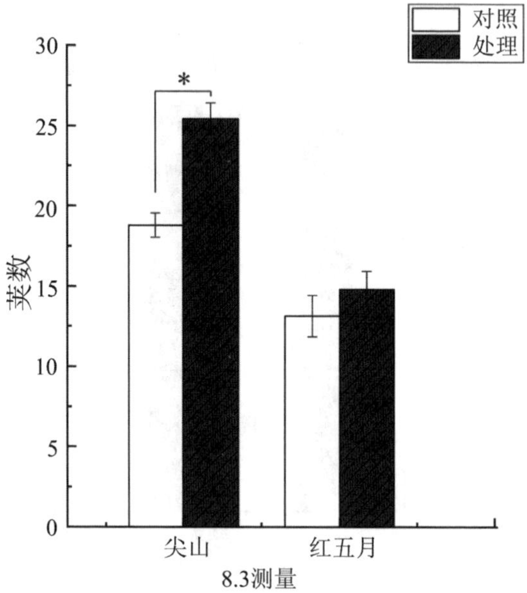

图 7.9 AMEP 蛋白制剂喷施处理 30 天后荚数对比

Figure 7.9 The comparison of pods at 30 days after AMEP treatment

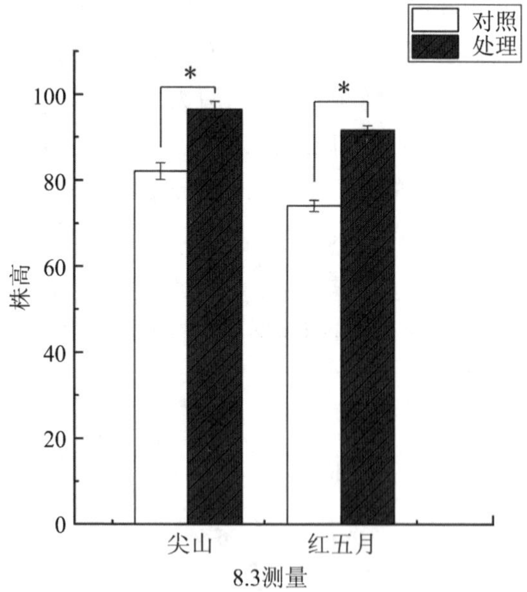

图 7.10 AMEP 蛋白制剂喷施处理 30 天后株高对比

Figure 7.10 The comparison of hei ght at 30 days after AMEP treatment

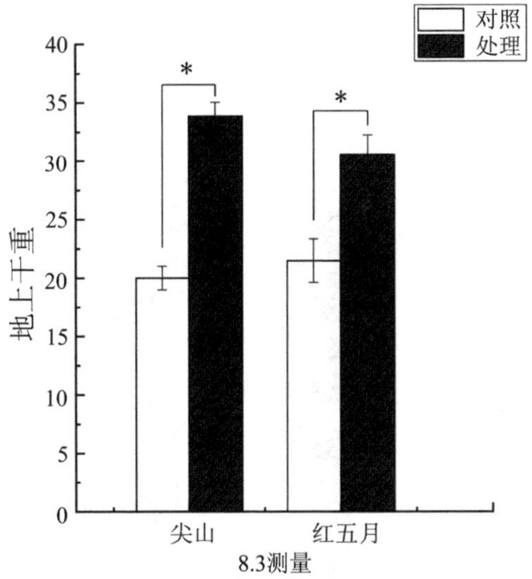

图 7.11 AMEP 蛋白制剂喷施处理 30 天后地上干重对比

Figure 7.11 The comparison of up ground dry weight at 30 days after AMEP treatment

二、AMEP 蛋白制剂对大豆产量及其要素的影响

通过表7.3和图7.12到图7.16可以看出，在红五月农场喷施AMEP蛋白溶液处理比在尖山农场喷施AMEP蛋白溶液处理效果最好，二者均显著高于对照。总荚数和单株粒数是影响产量的直接原因。在尖山农场和红五月农场处理组比对照组在总荚数、单株粒数和单株粒重上均有提高。说明在红五月农场喷施AMEP蛋白溶液有效提高了大豆的产量，亩产提高了23%（41.91 kg），其主要原因归结于结荚数的提高；在其余指标中，瘪粒率无明显差异，百粒重反而稍低于对照组，推测蛋白制剂处理组的大豆在鼓粒期的营养供应可能遇到瓶颈。

表 7.3　AMEP 蛋白制剂喷施处理 30 天后调查结果

Table 7.3　The investigation result at 30days after AMEP treatment

处理	总荚数	瘪荚数	单株粒数	单株粒重/g	百粒重/g
尖山 CK	16.59a	9.76b	33.23a	7.56a	20.61b
尖山 T	20.42b	6.93a	42.79b	9.26a	18.66a
红五月 CK	18.38a	8.83b	36.19a	9.50a	23.51a
红五月 T	22.95b	6.69a	47.20b	13.77b	23.20a

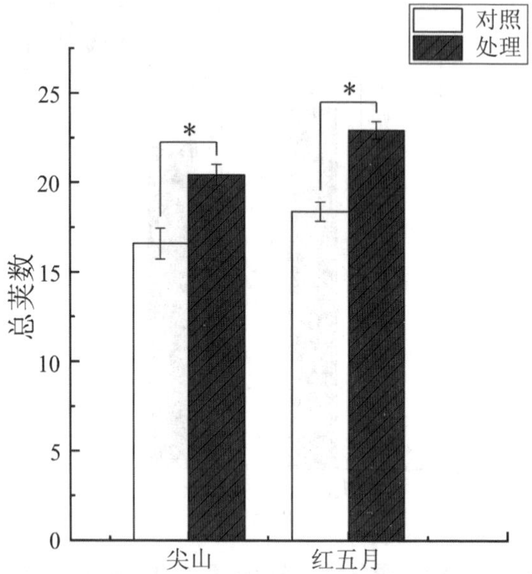

图 7.12　AMEP 蛋白制剂喷施处理在收获期的大豆荚数对比

Figure 7.12　The comparison of pods at harvest

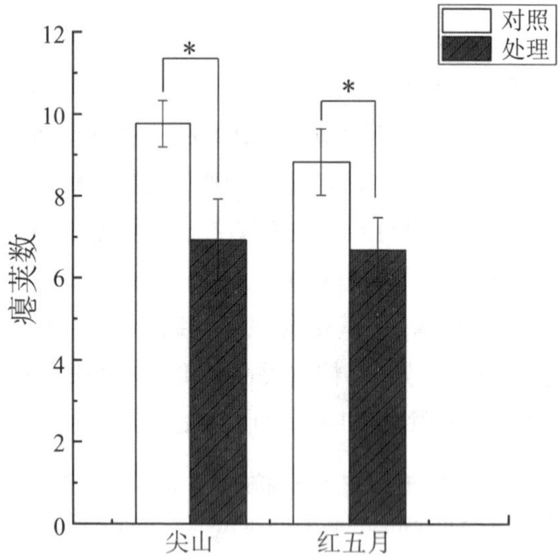

图 7.13　AMEP 蛋白制剂喷施处理在收获期的大豆瘪荚数对比

Figure 7.13　The comparison of blank pods at harvest

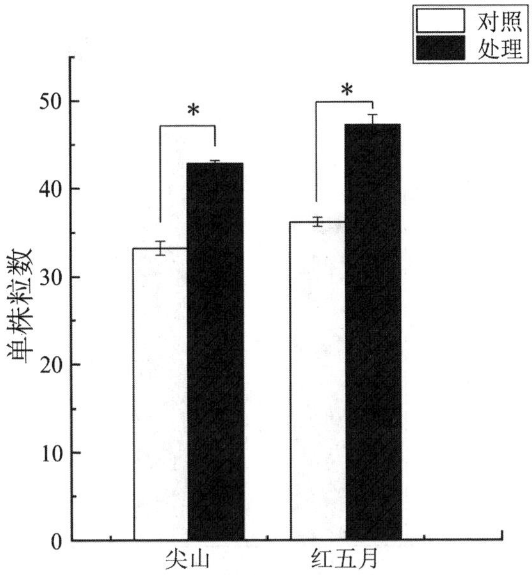

图 7.14　AMEP 蛋白制剂喷施处理在收获期的大豆单株粒数对比

Figure 7.14 The comparison of grains per plant at harvest

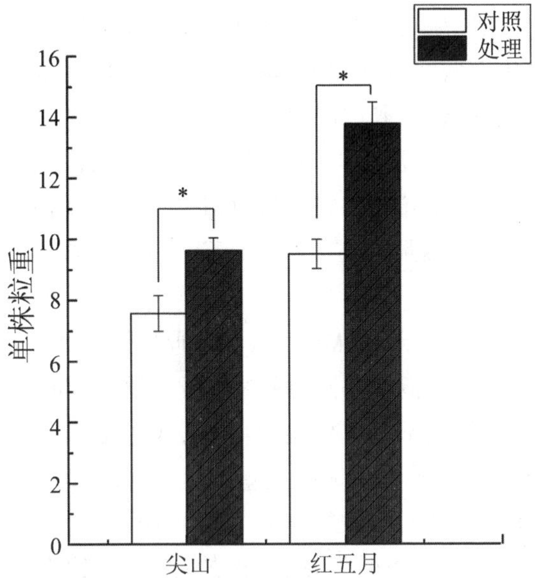

图 7.15　AMEP 蛋白制剂喷施处理在收获期的大豆单株粒重对比

Figure 7.15　The comparison of grain weight per plant at harvest

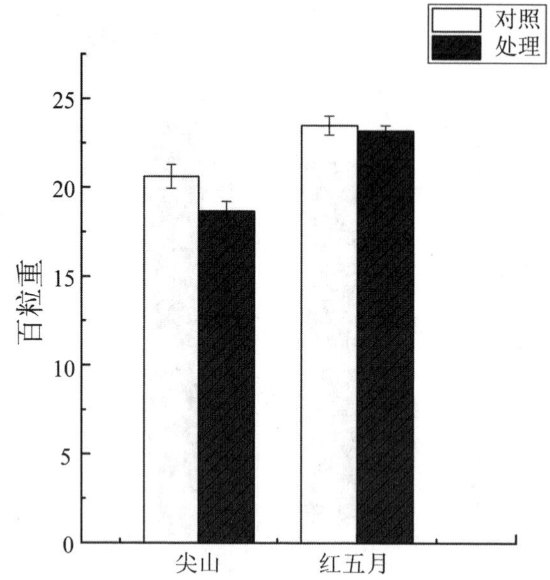

图 7.16　AMEP 蛋白制剂喷施处理在收获期的大豆百粒重对比

Figure 7.16　The comparison of 100 grain weight at harvest

尖山调查结果显示：AMEP蛋白制剂处理的大豆在荚数、有效粒数、总粒重和亩产几项指标中比对照组有增加，但都没有达到显著差异。原因在于处理组中有两组数值偏低，降至对照组的区间范围，统计学上认为达不到显著差异，这与取样误差有关。但从总体来看，蛋白处理组的荚数和产量都高于对照组，亩产提高了11%（18.21 kg），其主要原因归结于结荚数的提高；值得注意的是，与对照组相比，蛋白处理组的瘪粒率升高、百粒重降低，都说明了在鼓粒期遇到了问题。推测与营养有关，也可能与后期涝害有关。

红五月调查结果显示：AMEP蛋白制剂处理的大豆在荚数、有效粒数、总粒重和亩产几项指标中比对照组有显著增加，蛋白制剂有效提高了大豆的产量，亩产提高了23%（41.91 kg），其主要原因归结于结荚数的提高；在其余指标中，瘪粒率无明显差异，百粒重反而稍低于对照组，推测蛋白制剂处理组的大豆在鼓粒期的营养供应可能遇到瓶颈。

在7月18日取样调查时发现，尖山的株高、节数明显高于红五月；在8月3日取样调查时发现，尖山的株高、结痂数也明显高于红五月；但是在考种时却发现尖山的表现远远落后于红五月，可能与地势低洼后期涝害有关。

第三节 本章小结

农艺性状、品质性状是农作物的主要育种性状，是育种选择辨别的主要指标。本试验研究表明，在尖山农场和红五月农场喷施AMEP蛋白后能够有效提高大豆的株高、荚数、节数、地上鲜重和地上干重，说明喷施AMEP蛋白能够使促进大豆长势，蛋白处理组的荚数和产量都高于对照组，亩产提高了11%（18.21 kg），原因归因于单株粒数和单株荚数，这是引起产量变化的主要因素之一。值得注意的是，与对照组相比，蛋白处理组的瘪粒率升高、百粒重降低，都说明了在鼓粒期遇到了问题。推测与营养有关，也可能与后期涝害有关。

经过AMEP蛋白免疫激活剂进行种植的大豆产品，在上述的基础上从绿色和增产两方面进一步提升了“九三大豆”的产品优势。一是全程不施用化学农药，使“九三大豆”具有无农药残留的优势，真正达到绿色有机食品的标准。这使“九三大豆”与进口的转基因大豆或其他大豆有了本质的区别，进而能够错位竞争，实现产品单位价值的巨大提升。二是AMEP蛋白增强了大豆对病害、干旱等逆境胁迫的抗性，提高了大豆结荚率和有效粒数，导致大豆产量的增加。这使“九三大豆”能够抵御自然灾害带来的不利影响，减少不确定因素带来的损失，保证相对稳定的年产量。AMEP蛋白免疫激活剂是具有独立自主知识产权的全新的植物免疫类生物防治产品，具有激活植物免疫，提高植物抗逆性和抗病性的作用，不产生污染残留，是“九三大豆”绿色有机种植体系中不可或缺的一环。与国内外同类产品相比，AMEP制剂具有作用灵敏，效果突出和成本可控的优势。AMEP蛋白免疫激活剂在九三大豆中首次进行大规模应用，是现代农业新兴科技成果与“九三大豆”有机结合的一个典型范例，是“九三大豆”从高产向绿色和优质发展的重要支撑。

参考文献

[1] 孙刚.黑龙江县域农业现代化路径选择研究[D].东北林业大学,2016.
[2] 姜松.西部农业现代化演进过程及机理研究[D].西南大学,2014.
[3] 于国丽.加快推进现代农业发展的对策探讨[J].河北农业科学,2008(05): 125–126+152.
[4] 李振芳.当前我国农业经济的发展及现状分析[J].农业论坛,2015(8): 180–181.
[5] 姜松.西部农业现代化演进过程及机理研究[D].西南大学,2014.
[6] [1]谭爱花,李万明,谢芳.基于可持续发展的农业现代化目标的构建[J].生态经济,2011(09): 113–116+165.
[7] 宋扬.黑龙江垦区农业可持续发展 SWOT 研究[D].吉林大学,2013
[8] 陈小龙.援外农场示范推广与产业化经营的探讨[J].浙江农业科学,2011(03): 477–480.
[9] 九三管理局.九三管理局年鉴.(2015—2017)
[10] 王建,殷政.北国三月气象新[N].中国国土资源报,2009–03–24(002).
[11] 包雪梅.中国有机肥资源利用现状分析.中国农业科技导报[J],2014,5(增刊): 3–7.
[12] 鲍士旦.土壤农化分析[M].北京:中国农业出版社,2016.
[13] 邹积慧.论发展黑龙江垦区现代化大农业[J].中国农垦,2011(08): 28–32.
[14] 李炜,谢振华,金晓峰.走进“北大仓”——记国家重要商品粮基地黑龙江垦区[J].农村工作通讯,2008(18): 19–22.
[15] 蓝海涛.改革开放以来我国城乡二元结构的演变路径[J].经济研究参考,2005(17): 10–16+20.
[16] 九三管理局政府工作报告.2018
[17] 李振芳.当前我国农业经济的发展及现状分析[J].农业论坛,2015(8): 180–181.
[18] 黄修杰,何淑群,黄丽芸,等.国内外现代农业园区发展现状及其研究综述[J].广东农业科学,2010 (3): 57–59.
[19] 冯建全.关于北大荒垦区建设现代化大农业的思考[J].黑龙江科技信息,2012(01): 248.
[21] 马边防,郭翔宇.扎实推进我省现代化大农业的建议[N].黑龙江日报,2011–10–10(012).

第八章

AMEP蛋白抗肿瘤研究

抗菌肽(AntimicrobialPeptides，AMPs)是一类含有5~50个氨基酸的阳离子短肽，在机体的自主防御中发挥着重要作用。抗菌肽因其独特的破膜机制而受到广泛关注。抗菌肽主要来源于天然来源(植物源、动物源、微生物源)、基因合成(大肠埃希菌、酵母、枯草芽孢杆菌和昆虫表达系统)和人工合成。抗菌肽已经被应用在医药、食品、农业、畜牧业等领域，前景十分广阔。

数十年来，研究人员对大量抗菌肽的结构与活性进行分析研究，发现抗菌肽自身的分子结构特点决定了其独特的生物活性。与抗菌肽活性密切相关参数包括正电荷数目、双亲性、疏水性、氨基酸序列长度，空间结构等因素[1]。(1)正电荷数目：由于细菌膜表面富集阴离子磷脂，增加抗菌肽所带正电荷数量会增强其与细菌膜之间的吸附，从而增强抗菌活性；(2)疏水性：增加疏水性可以增强抗菌肽同细胞膜之间的相互作用，从而提高肽的抗菌活性，但是疏水性过高会导致溶血活性的升高，且水溶性变差；(3)二级结构：抗菌肽的螺旋度升高，其抗菌活性随之提高。D型氨基酸替代L型氨基酸能够改变抗菌肽活性，且不易被水解酶识别而增强肽的稳定性；(4)双亲性：通过疏水作用反映其作用力度。由于肿瘤细胞表面含有较多的磷脂酰丝氨酸、O-糖基化粘蛋白、唾液酸化的神经节苷脂等阴性离子而带负电[2-4]。

一些肿瘤细胞和组织周围血管的内皮细胞发生病变过程中，磷脂酰丝氨酸会外翻至细胞外膜表面并聚集，原本的电荷分布发生改变，增强了电负性[5,6]。此外，肿瘤细胞膜表面修饰糖基化的程度发生变化，膜表面唾液酸浓度也增加会增强电负性[7,8]。由于细菌外膜也有电负性的特征[9,10]，因此根据它们的膜相似性可以推测抗菌肽可能具有抗肿瘤活性。综上，研究人员认为抗菌肽可以像杀死细菌一样而杀死肿瘤细胞[11]：带正电荷且具有双亲性的抗菌肽通过静电相互作用与表面带负电的肿瘤细胞靶向结合（而不与表面呈电中性的正常细胞相结合）后，进行结构调整破坏细胞膜的完整性导致细胞死亡[12,13]。影响抗菌肽特异性杀死肿瘤细胞的其他因素有：肿瘤细胞的膜流动性较强[14]、稳定性较差，增加抗菌肽的膜裂解活性；肿瘤细胞微绒毛数量多，有更大的细胞表面积，能够与更多数量的抗菌肽分子结合[15]。

起初认为抗菌肽抗肿瘤机制全部是通过破坏细胞膜导致的，但越来越多的研究表明还存在其他作用方式[16]。

（1）抗肿瘤血管生成。目前已知有一些多肽通过抑制生长因子和受体之间的相互作用干扰肿瘤组织中血管的生成从而起抗肿瘤作用。

（2）通过调节免疫应答应用于肿瘤的治疗方案[17]。如 Alloferons（昆虫中提取的天然多肽）可诱导干扰素的产生，抑制裸鼠的肿瘤生长；通过免疫调节的抗肿瘤肽还有 Bestatin、MDP 和 FK-565 等。

（3）抑制酶活性。肿瘤生长、侵袭和转移过程中需要多种活性的酶，主要有蛋白酶和激酶。因此可以把这些酶作为靶向肿瘤的靶标。

（4）肿瘤的生理活动过程，有多种功能蛋白参与，抗菌肽可以通过抑制蛋白生成进而发挥有效的抑癌作用。

（5）抗菌肽进入肿瘤细胞后破坏线粒体导致细胞色素 C（Cytochrome C, Cty C）的释放，激活 Casepase-3，导致不可逆的细胞凋亡。抗菌肽还可以通过改变 Bcl-2/Bax 比率、触发 JNK/p38MAPK 和 PI3K/AKT 通路诱导细胞凋亡。

作为新型抗肿瘤药物，多肽具有很多显而易见的优点，如不易产生耐药。小分子化疗药物作用于肿瘤细胞易产生多重耐药，这严重影响了癌症的治疗效果[18]，而多肽的特殊破膜作用机制使其成功避开了耐药这一障碍。另一个明显的优点是毒性作用小，因为多肽是由氨基酸组成，这决定了其低毒性。同时，由于多肽在化学和生物学上都具有灵活的可变性，使其作用方式不再单一，可通过改变序列或化学修饰不断优化其结构，达到最佳抗肿瘤效果[19]。

尽管抗肿瘤多肽优势明显，但是缺点也不容忽视。首先是稳定性不高，分子量小于 5 kD 的多肽会被酶降解或肾过滤、网状内皮系统摄入消化等方式被清除[20]，尤其是抗肿瘤多肽一般含有很多精氨酸和赖氨酸，对酶异常敏感，所以多肽进入体内短时间内就会被清除，来不及发挥药效。另一个缺点是很多肽对肿瘤细胞没有选择性，导致大量正常细胞的损伤和死亡。针对这些缺点，研究者们正在致力于寻找解决方案。

在前期研究中偶然发现，AMEP蛋白具有对肿瘤细胞的抑制活性，为了进一步评价AMEP蛋白对肿瘤细胞的抑制效果，本部分研究摸索了不同浓度下AMEP蛋白对十种肿瘤细胞的抑制作用，并根据实验结果计算出充足蛋白对不同肿瘤细胞的IC50值，综合评价AMEP蛋白对不同种类肿瘤细胞的抑制作用。此外，本研究还进一步针对抑制效果突出的肿瘤细胞进行了转录组学分析，初步确认了其作用的信号通路。

第一节　AMEP 蛋白对肿瘤细胞的抑制活性

一、材料与方法

（一）实验细胞及培养条件

人肝癌细胞 HepG2（RPMI Medium1640 培养基）、人肺癌细胞 A549（DMEM 培养基）、人胃腺癌细胞 BGC-823（RPMI Medium1640 培养基）、人子宫颈癌细 胞 Hela（MEM 培养基）、人子宫鳞状细胞癌细胞 SiHa（MEM 培养基）、恶性胶质母细胞瘤细胞 U87MG（DMEM 培养基）、人前列腺癌细胞PC-3（DMEM 培养基）、人结肠癌细胞 HT-29（RPMI Medium1640 培养基）、小鼠乳腺癌细胞 4T1（RPMI Medium1640 培养基）、人转移胰腺癌细胞 ASPC-1（DMEM 培养基），以上细胞均取自端点医药细胞库。

（二）试剂

胰酶：0.25% Trypsin-EDTA（1x）胰蛋白酶消化液，Cat.No: C125C1, Lot: 20051092，规格 50 mL，厂家：新赛美生物科技有限公司。DMEM培养基：Gibco基础培养基，REF：C11885500BT，Lot：8119117 MEM培养基：Gibco基础培养基，REF：C12571500BT，Lot：8119067 RPMI Medium1640培养基：Gibco基础培养基，REF：C11875500BT，Lot：8119044 优质级南美胎牛血清：Analysis Quiz，Cat.No：AQ-mv-06600，Lot：aq10061668，规格：500 mL，HBSS basic（1×）：Gibco，REF：C14175500BT，Lot：8119029 CCK8：南京诺唯赞，货号 A311-02-AA。

（三）实验仪器

离心机：型号 H1750R，生产厂家：湘仪离心机有限公司。ReadMax1900型 Plus 光吸收全波长酶标仪：仪器编号：SP0101B1912025001。电子显微镜：型号：XDS-5，生产厂家：广州粤显。电热恒温水浴锅：型号 HWS-26，生产厂家：上海一恒科学仪器有限公司。QP 系列二氧化碳培养箱：型号 QP-160，生产厂家：济南鑫贝西生物技术有限公司。

（四）实验方法

（1）细胞复苏：佩戴无菌手套，从液氮罐中取出细胞冻存管。迅速放入 37 ℃水浴中，并不时摇动，在 1 min 内使其完全融化，然后在无菌下取出细胞。加入 5 mL 的 1640 培养液后接种于培养瓶中，置 37 ℃温箱静置培养，次日更换一次培养液，继续培养，观察生长情况。

（2）细胞传代：细胞融合至 90% 时，弃 25 cm^2 培养瓶中的培养液，用 PBS 清洗细胞两次；添加 0.25% 胰蛋白酶消化液 1.5 mL，放于 37 ℃培养箱孵育一定时间，待细胞回缩变圆后加入完全培养基终止消化。用移液器轻轻吹打细胞使之脱落，将细胞悬液转移至 15 mL 离心管中，1 000 rpm 离心 5 min；弃上清，用新鲜培养基 重悬细胞沉淀，根据细胞增殖速度调整细胞比例为 1:2~1:4 区间进行传代。细胞两天换液一次。每次观察填写相应实验记录，实行单株细胞单独记录原则。

（3）细胞铺板：获取一定量的细胞沉淀用完全培养基重悬，调整细胞浓度为 1×10^6 个 /mL，每孔 100 μL，每个浓度梯度 8 个复孔铺设在 96 孔板中。

（4）细胞加药：24 h 后更换蛋白溶液，实验前蛋白溶液用细胞对应的基础培养基稀释，稀释梯度为 200 μg/mL，150 μg/mL、100 μg/mL、50 μg/mL、基础培养基孔，加药 24 h 后观察细胞状态，拍摄各蛋白浓度下细胞生长图片，后用 CCK8 检测细胞活力。

（5）细胞活力测定：用细胞所用基础培养基配置 10% 的 CCK8 检测液，用 HBSS 清洗 96 孔板后，在吸水纸上拍干孔板中残留液体，避光条件下每孔加入 100 μL 的 CCK8 检测液，并设置校准孔，操作结束后放入避光培养箱中，37 ℃孵育。根据细胞密度间隔 30 min 或 1 h 在酶标仪下检测一次 OD 值，基础培养基组 OD 值达到 0.7~1.0 的范围内，停止检测。获取 OD 值后计算出各浓度梯度下细胞活力百分比。

（五）数据统计

总体计量数据以均值和标准差表示，利用 GraphPadPrism 8 进行作图及 IC50 值的计算。

二、实验结果

（一）细胞活力测定结果

各肿瘤细胞在不同浓度 AMEP 蛋白作用下，细胞活力如表 8.1 所示，该蛋白药物对各肿瘤细胞均显示出较好的抑制作用，其 IC50 值越低，说明药物抗肿瘤药效越强。

表 8.1　肿瘤细胞在不同药物浓度下的细胞活力和 IC50 值汇总表

Table 8.1　The cell activity and IC50 value of tumer cells treated by different concentrations of AMEP protein

细胞名称	不同浓度细胞活力百分比（%）						IC50 值
	0 μg/mL	50 μg/mL	75 μg/mL	100 μg/mL	150 μg/mL	200 μg/mL	μg/mL
HepG2	100.00 ± 6.02	80.56 ± 10.32	68.46 ± 5.92	64.30 ± 2.91	45.01 ± 12.17	36.92 ± 10.49	136.70
HeLa	100.00 ± 2.44	88.68 ± 3.96	65.94 ± 6.26	54.25 ± 4.05	38.19 ± 4.03	36.86 ± 8.86	122.70
ASPC-3	100.00 ± 4.59	66.07 ± 9.21	63.64 ± 11.06	55.81 ± 4.87	46.75 ± 6.27	34.07 ± 6.02	118.90
HT29	100.00 ± 2.80	70.54 ± 7.03	50.42 ± 4.73	40.95 ± 6.10	38.10 ± 4.43	25.28 ± 4.76	85.69
PC-3	100.00 ± 9.03	79.70 ± 7.48	60.31 ± 16.51	32.58 ± 4.75	14.29 ± 4.22	6.39 ± 4.83	82.00
A549	100.00 ± 3.71	79.23 ± 3.90	46.85 ± 9.93	42.33 ± 7.96	14.90 ± 5.21	7.26 ± 6.77	79.42
SiHa	100.00 ± 8.49	68.71 ± 18.78	32.54 ± 15.16	28.17 ± 8.12	17.60 ± 7.36	12.43 ± 3.38	63.77
BGC-823	100.00 ± 8.00	67.41 ± 26.91	28.73 ± 9.62	25.52 ± 12.02	1.90 ± 0.81	1.34 ± 0.77	61.33
U87MG	100.00 ± 2.31	60.52 ± 12.92	33.79 ± 5.18	17.16 ± 1.29	7.43 ± 1.05	3.10 ± 0.90	58.37
4T1.2	100.00 ± 13.46	48.61 ± 13.38	14.96 ± 1.72	10.01 ± 0.78	3.01 ± 1.22	2.29 ± 0.64	48.79

（二）各肿瘤细胞在不同浓度梯度下的细胞形态图

（1）人肝癌细胞 HepG2 细胞：AMEP 蛋白作用于 HepG2 的镜下图（图 8.1）及各浓度下细胞存活率折线图（图 8.2）如下所示：HepG2 细胞的融合性较高，在镜下主要呈片状分布，当药物浓度为 200 μg/mL、150 μg/mL、100 μg/mL 时，药物对细胞的抑制效果较为明显，细胞间的融合现象被明显抑制，随着浓度的增高细胞会呈现收缩破碎的现象。

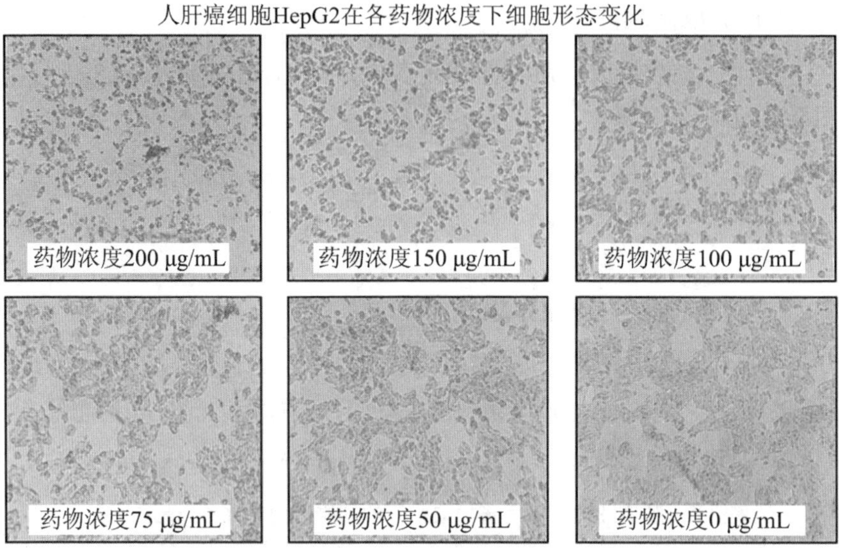

图 8.1 不同浓度 AMEP 蛋白作用于 HepG2 细胞的形态图

Figure 8.1 HepG2 cell morphology treated by different concentrations of AMEP protein

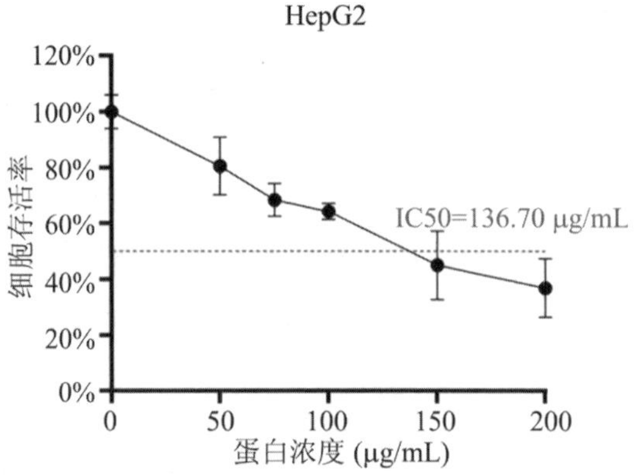

图 8.2 不同浓度 AMEP 蛋白作用于 HepG2 的细胞活力曲线图

Figure 8.2 The vitality curve of HepG2 cell treated by different concentrations of AMEP protein

（2）人子宫颈癌细胞HeLa细胞：AMEP蛋白作用于Hela细胞的镜下图（图8.3）及各浓度下细胞存活率折线图（图8.4）如下所示：HeLa细胞的增殖碎度较快，细胞成圆形随着药物浓度的增加，细胞会逐渐变圆脱落。当药物浓度为150 μg/mL、100 μg/mL、75 μg/mL、50 μg/mL时，药物对细胞的抑制效果较为明显。

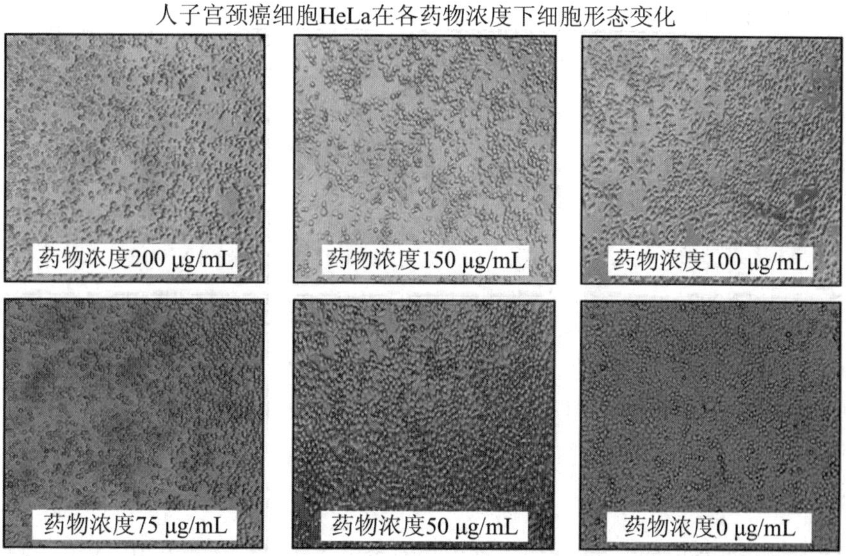

图 8.3 不同浓度 AMEP 蛋白作用于 Hela 细胞的形态图

Figure 8.3 Hela cell morphology treated by different concentrations of AMEP protein

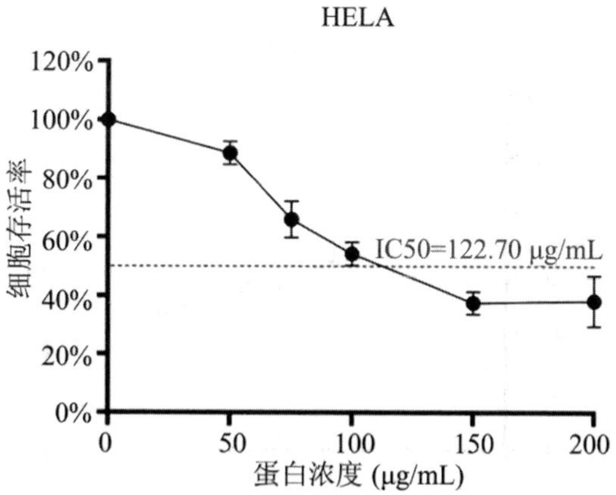

图 8.4　不同浓度 AMEP 蛋白作用于 HeLa 细胞活力曲线图

Figure 8.4　The vitality curve of Hela cell treated by different concentrations of AMEP protein

（3）人转移胰腺癌 ASPC-1 细胞：不同浓度 AMEP 蛋白作用于 ASPC-1 细胞的镜下图（图 8.5）及各浓度下细胞存活率折线图（图 8.6）如下所示：ASPC-1 细胞增殖较慢，在镜下主要呈多边性，随着药物浓度的增高，细胞会收缩变圆，但当药物浓度为 150 μg/mL、100 μg/mL、75 μg/mL、50 μg/mL 时细胞镜下形态整体变化不明显，但细胞活性测定结果显示出一定的抑制性。

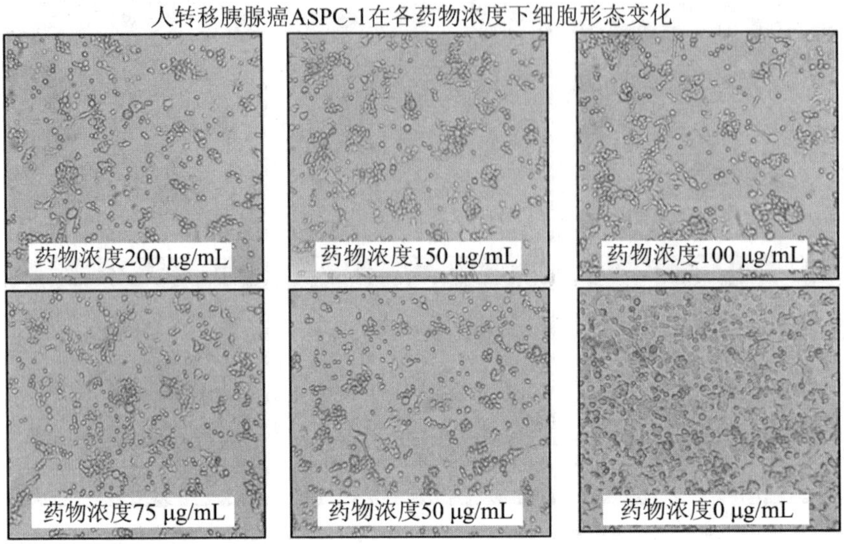

图 8.5　不同浓度 AMEP 蛋白作用于 ASPC-1 细胞的形态图

Figure 8.5　ASPC-1 cell morphology treated by different concentrations of AMEP protein

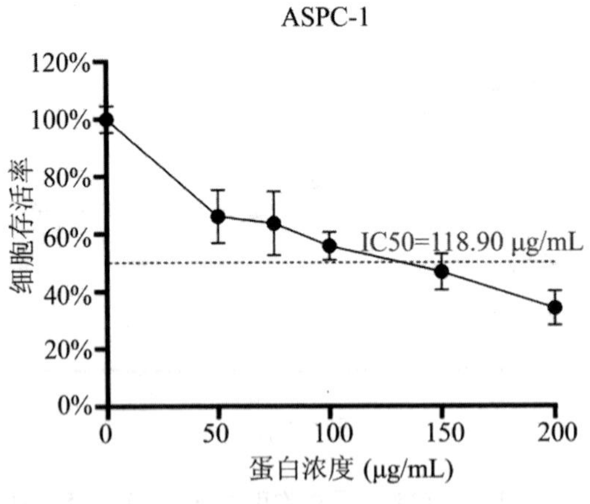

图 8.6　不同浓度 AMEP 蛋白作用于 ASPC-1 细胞活力曲线图

Figure 8.6　The vitality curve of ASPC-1 cell treated by different concentrations of AMEP protein

（4）人结肠癌细胞HT29细胞：AMEP蛋白作用于HT29细胞的镜下图（图8.7）及各浓度下细胞存活率折线图（图8.8）如下所示：HT29细胞增殖较慢，但其融合性较高，当细胞到达一定数量时在显微镜下会观察到其成片状分布，但随着药物浓度的增加，这种细胞间的融合现象被明显抑制，当药物浓度为200 μg/mL、150 μg/mL时细胞收缩变圆的现象会非常明显，破碎细胞占据较大比例。

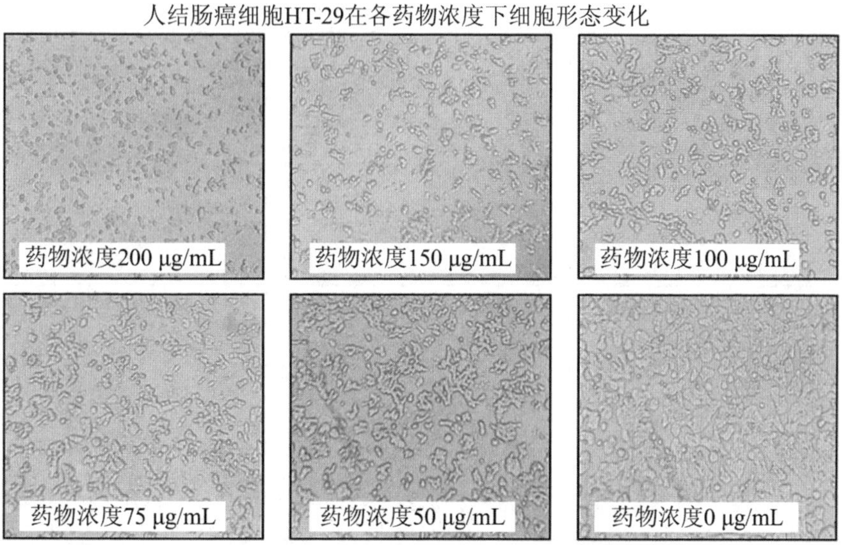

图 8.7　不同浓度 AMEP 蛋白作用于 HT29 细胞的形态图

Figure 8.7　HT29 cell morphology treated by different concentrations of AMEP protein

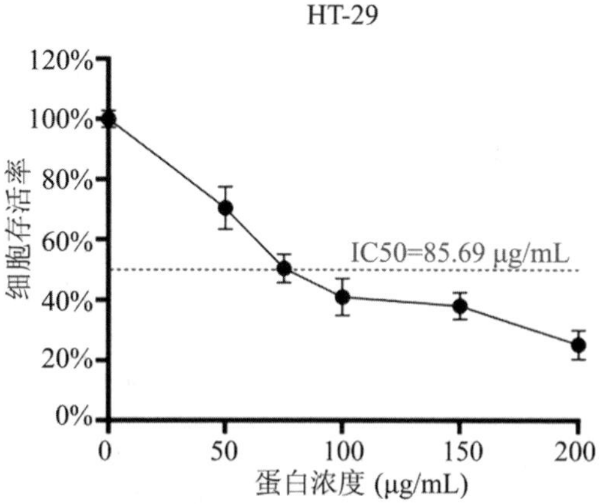

图 8.8　不同浓度 AMEP 蛋白作用于 HT29 细胞的活力曲线图

Figure 8.8　The vitality curve of HT29 cell treated by different concentrations of AMEP protein

（5）人前列腺癌细胞PC-3细胞：AMEP蛋白作用于PC-2细胞的镜下图（图8.9）及各浓度下细胞存活率折线图（图8.10）如下所示：随着药物浓度的增加部分PC-3细胞会收缩变圆，当药物浓度为200 μg/mL、

150 μg/mL时，显微镜下细胞破碎现象比较明显，说明药物对PC–3 细胞有明显的抑制作用。

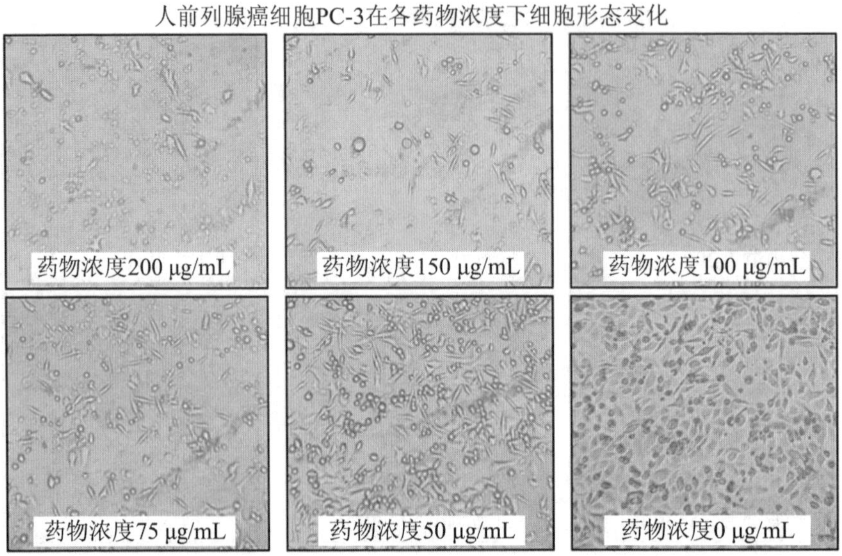

图 8.9 不同浓度 AMEP 蛋白作用于 PC–3 细胞的形态图

Figure 8.9 PC-3 cell morphology treated by different concentrations of AMEP protein

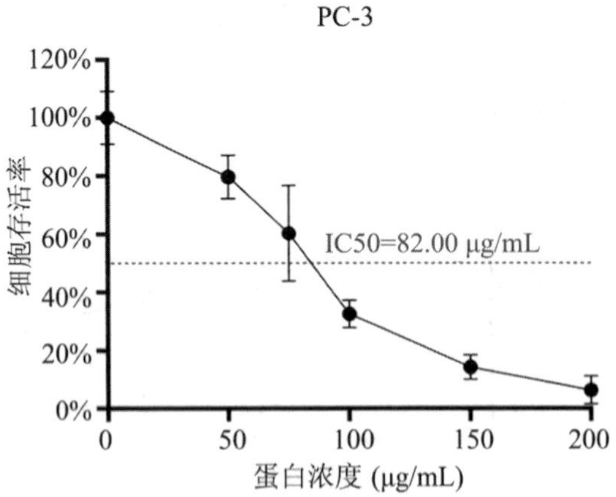

图 8.10 不同浓度 AMEP 蛋白作用于 PC–3 细胞的活力曲线图

Figure 8.10 The vitality curve ofPC-3 cell treated by different concentrations of AMEP protein

（6）人肺癌细胞A549细胞：AMEP蛋白作用于A549细胞的镜下图（图8.11）及各浓度下细胞存活率折线图（图8.12）如下所示：A549增殖

较快，显微镜下主要呈长梭形，均匀分布，该细胞随着受试药物浓度的增加，会出现细胞收缩变圆的现象，镜下结果表明受试药物对A549细胞的抑制效果主要体现在抑制其增殖。

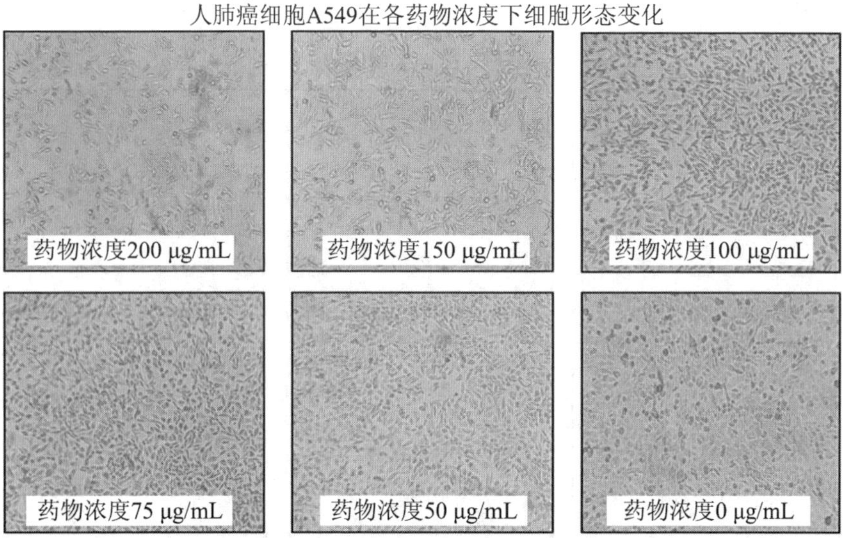

图 8.11　不同浓度 AMEP 蛋白作用于 A549 细胞形态图

Figure 8.11　A549 cell morphology treated by different concentrations of AMEP protein

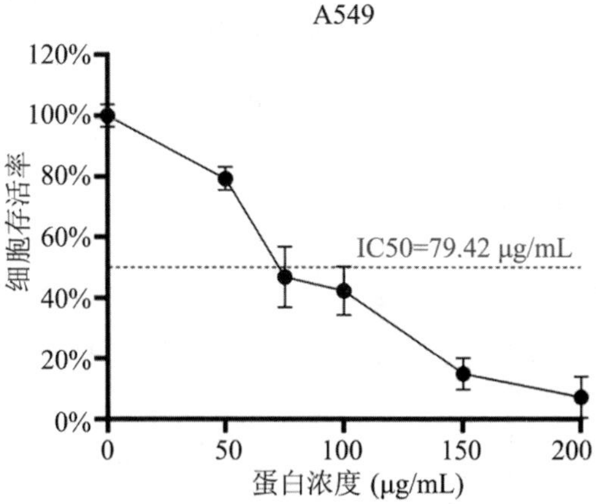

图 8.12　不同浓度 AMEP 蛋白作用于 A549 细胞的活力曲线图

Figure 8.12　The vitality curve of A549 cell treated by different concentrations of AMEP protein

（7）人子宫鳞状癌细胞 SiHa 细胞：AMEP蛋白作用于SiHa细胞的镜下图（图8.13）及各浓度下细胞存活率折线图（图8.14）如下所示：SiHa

细胞随着细胞增殖细胞间的融合度较高，会呈现片状 分布，但随着药物浓度的升高细胞会缩小变圆，当受试药物浓度为200 μg/mL、150 μg/mL、100 μg/mL 时细胞破碎现象比较明显，说明药物对细胞具有明显的抑制作用。

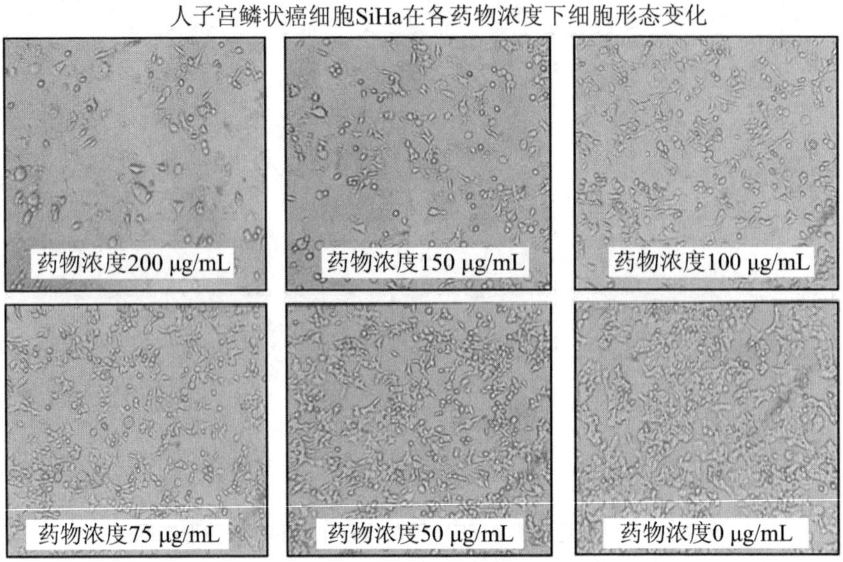

图 8.13 不同浓度 AMEP 蛋白作用于 SiHa 细胞的形态图

Figure 8.13 SiHa cell morphology treated by different concentrations of AMEP protein

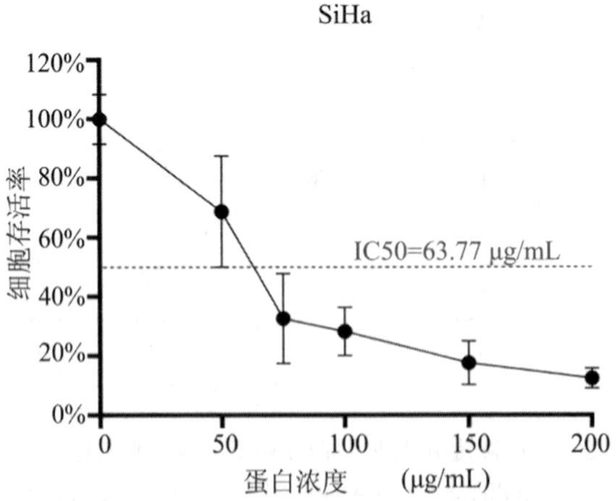

图 8.14 不同浓度 AMEP 蛋白作用于 SiHa 细胞的活力曲线图

Figure 8.14 The vitality curve of SiHa cell treated by different concentrations of AMEP protein

（8）人胃腺癌细胞BCG-823细胞：AMEP蛋白作用于BCG-823细胞

的镜下图（图8.15）及各浓度下细胞存活率折线图（图8.16）如下所示：BCG-823细胞的增殖速度较快，但随着药物浓度的增加，细胞会收缩变圆甚至死亡，出现对细胞的抑制作用。

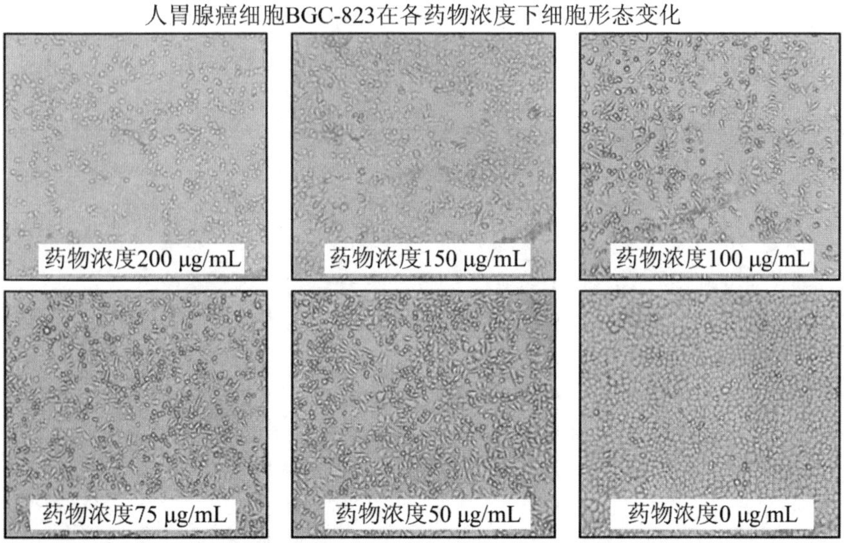

图8.15　不同浓度AMEP蛋白作用于BGC-823细胞的形态图

Figure 8.15　BGC-823 cell morphology treated by different concentrations of AMEP protein

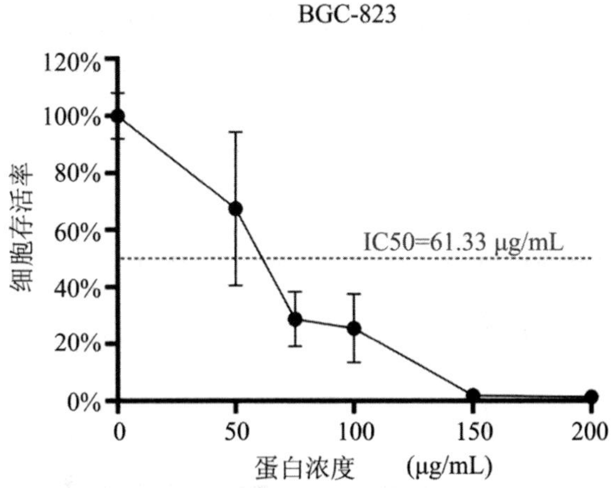

图8.16　不同浓度AMEP蛋白作用于BGC-823细胞的活力曲线图

Figure 8.16　The vitality curve of BGC-823 cell treated by different concentrations of AMEP protein

（9）人恶性胶质瘤母细胞瘤细胞U87MG细胞：AMEP蛋白作用于

U87MG细胞的镜下图（图8.17）及各浓度下细胞存活率折线图（图8.18）如下所示：当受试药物浓度为200 μg/mL、150 μg/mL、100 μg/mL时，镜下细胞多数为细胞碎片，U87细胞属于相互依赖性生长的细胞，但加入受试药物后细胞相互依赖连接现象随药物浓度增加而降低，高浓度会致使细胞大面积破碎，说明药物对该细胞有明显的抑制作用。

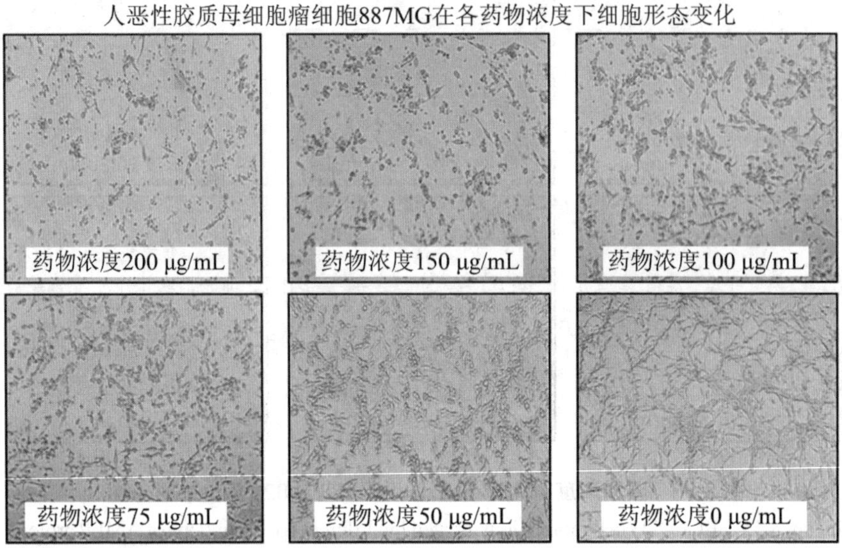

图 8.17 不同浓度 AMEP 蛋白作用于 U87MG 的细胞的形态图

Figure 8.17 U87MG cell morphology treated by different concentrations of AMEP protein

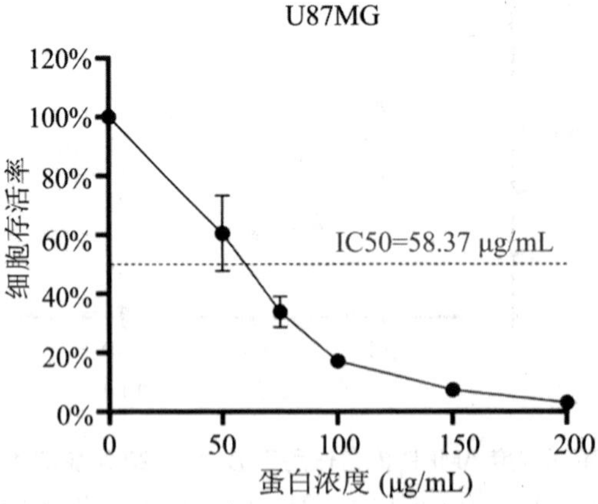

图 8.18 不同浓度 AMEP 蛋白作用于 U87MG 细胞的活力曲线图

Figure 8.18 The vitality curve of U87MG cell treated by different concentrations of AMEP protein

（10）小鼠乳腺癌细胞4T1.2细胞：AMEP蛋白作用于4T1.2细胞的镜下图（图8.19）及各浓度下细胞存活率折线图（图8.20）如下所示：当受试药物浓度为 200 μg/mL、150 μg/mL、100 μg/mL时，镜下细胞呈现明显的破碎现象，多数为细胞碎片，药物对该细胞的抑制作用显著。

小鼠乳腺癌细胞4T1.2在各药物浓度下细胞形态变化

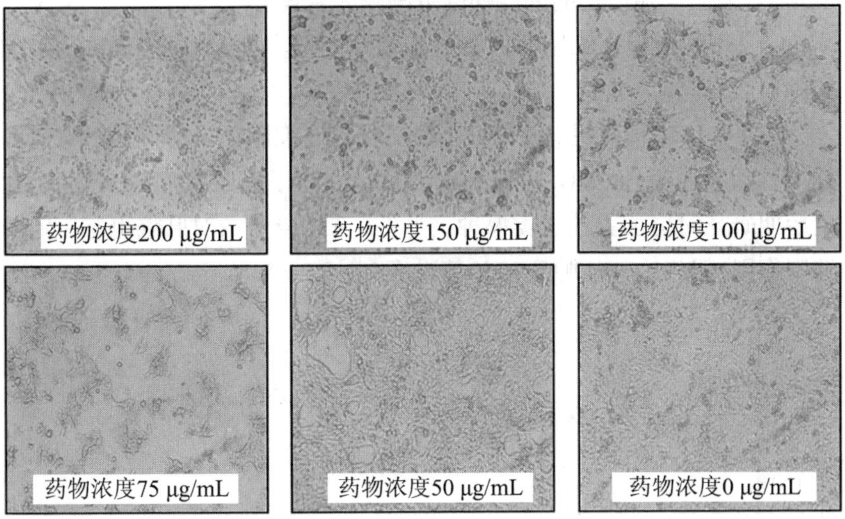

图 8.19　不同浓度 AMEP 蛋白作用于 4T1.2 细胞的镜下图形态图

Figure 8.19　4T1.2 cell morphology treated by different concentrations of AMEP protein

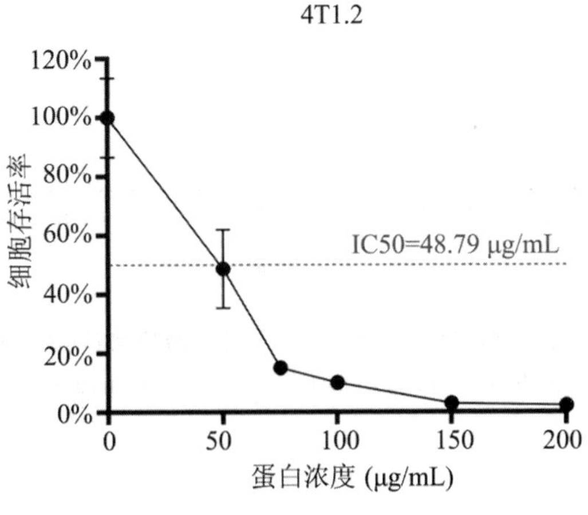

图 8.20　不同浓度 AMEP 蛋白作用于 4T1.2 细胞的活力曲线图

Figure 8.20　The vitality curve of 4T1.2 cell treated by different concentrations of AMEP protein

三、小结

（1）从上述实验结果综合分析可知，受试的AMEP蛋白在设定的浓度范围内，对十种肿瘤细胞均有不同程度的抑制作用，并均能计算出IC50值，说明前期设定的浓度梯度范围较为合理。

（2）每种细胞在细胞活力测定和镜下图两方面，均可体现出药物的抗肿瘤效果。

（3）从IC50值可见，AMEP蛋白对乳腺癌细胞4T1.2抑制效果最佳，其次是脑胶质瘤U87MG、胃癌BGC-823以及人子宫鳞状癌SiHa细胞，建议后期研究时更加关注这类癌种。另外，AMEP蛋白对肝癌也有一定的抑制作用，但相比其他肿瘤IC50值最大（图8.21）。

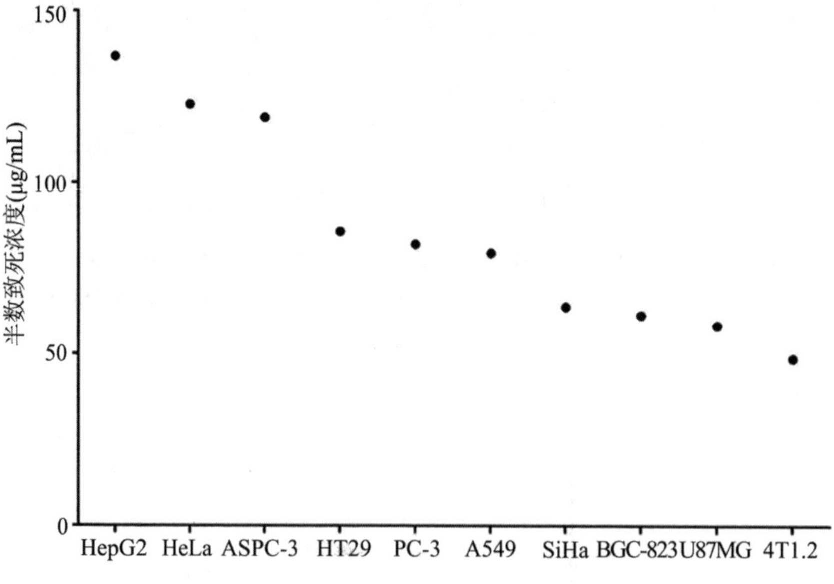

图 8.21 AMEP 蛋白作用于 10 种肿瘤细胞 IC50 汇总图

Figure 8.21 The IC50 summary chart of 10 tumer cells treated by AMEP protein

第二节 AMEP蛋白处理4T1.2细胞的转录组分析

一、实验材料

AMEP蛋白配置浓度为50 μg/mL。细胞株为小鼠高转移性乳腺癌细胞株4T1.2。

二、实验方法

（一）细胞样品制备

复苏 4T1.2细胞，进行扩增培养。当细胞达到一定量时，进行传代，用PBS清洗细胞两次；添加 0.25%胰蛋白酶消化液消化，放于37℃培养箱孵育一定时间，待细胞回缩变圆后加入完全培养基终止消化。用移液器轻轻吹打细胞使之脱落，将细胞悬液转移至15 mL离心管中，1 000 rpm离心5 min；弃上清，用新鲜培养基重悬细胞沉淀，调整细胞浓度，制备复数批量样本，随机分为对照组和给药组。24 h细胞贴壁后给药组更换为含50 μg/mL AMEP蛋白的培养基，对照组更换为原始培养基，待细胞收缩时，收集各组细胞样品。

（二）测序样品制备

将收集到的各组细胞样品沉淀用Trizol混悬、吹打，待细胞完全破裂后，每组制备三个样品并做好标记，放置于–20 ℃用于测序样品送检。

（三）转录组结果分析

（1）样本间相关性

生物学重复通常是所有生物学实验所必须的，目前主流期刊基本都会要求有生物学重复。生物学重复主要具有证明实验操作是可重复的与保证下游分析结果是可靠的两种作用。样本间的基因表达水平相关性是检验实验或样本选择可靠性的重要指标[21]。

我们使用欧式距离来分组度量样本之间的相关性并绘制样本层次聚类热图（图8.22）。该图命名为“gene_cluster.pdf”，保存在以分组名称保存的文件夹下，实验组和对照组分别聚在一起。这说明两组之间表达谱差异较大，而组内差异较小。

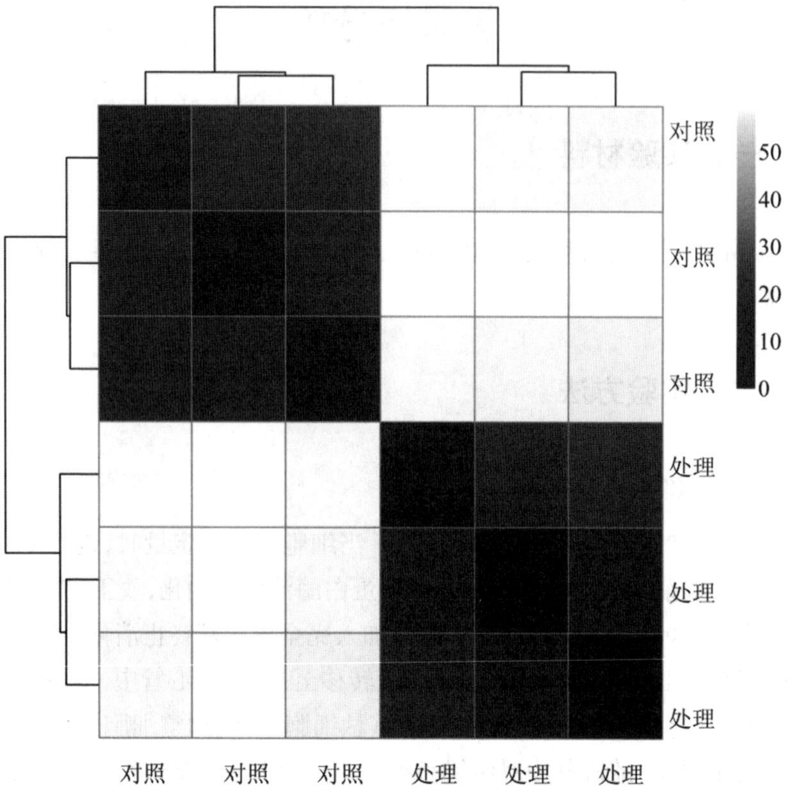

图 8.22 欧式距离聚类热图

Figure 8.22 Euclidean distance clustering heat map

图中颜色深浅代表样本之间基因表达模式的差异，颜色越浅代表样本之间的表达模式差异越大，颜色越深代表样本之间表达模式差异越小。聚类树代表样本之间的相似性，相似性越高的样本倾向于聚类在一起。

（2）主成分分析

主成分分析（Principal Components Analysis,PCA）也常用于评估组间差异及组内样本重复情况，PCA 采用线性降维的方法，对数以万计的基因变量进行降维并提取主成分，从而可以很好的反映样本之间的关系[22-25]。我们对所有样本的基因表达值进行 PCA 分析，并使用第 1，2 主成分绘制 PCA 图。理想条件下，组内重复应更为相似，在图中会聚在一起，而组间的样本的样本相似度不如组内那么高，倾向于不聚在一起（图

8.23）。

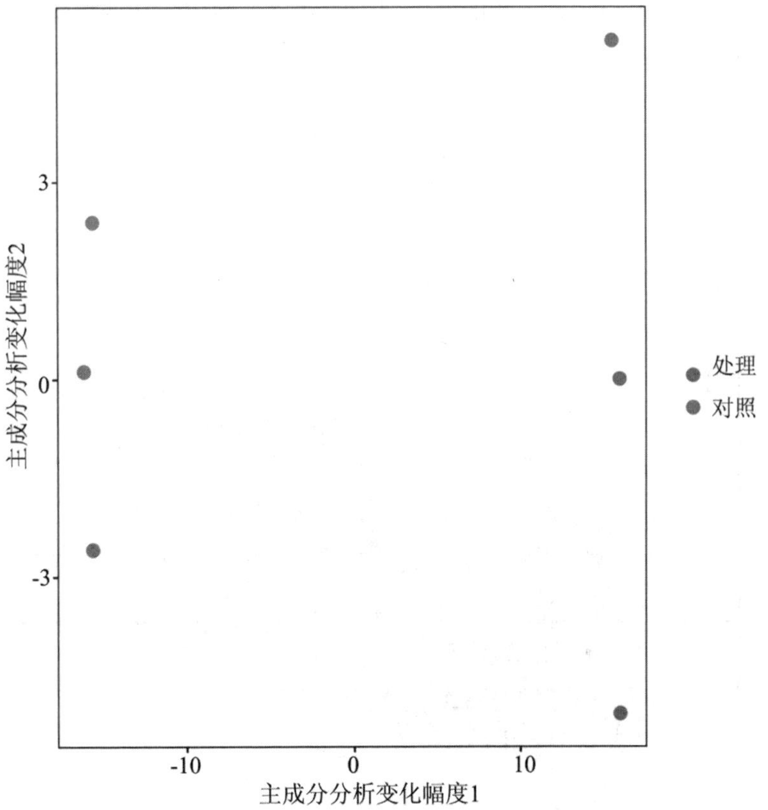

图 8.23　主成分分析 PCA 图

Figure 8.23　PCA dia gram of principal component analysis

图中横坐标为第一主成分，纵坐标为第二主成分，每个点为各样本在第1、2主成分中的坐标。不同颜色代表不同的分组，红色为实验组，绿色为对照组。百分比代表该主成分能够解释原始数据信息的比例。

三、差异基因 / 转录本统计

我们使用MA图和火山图来直观展示每个组合比较的差异基因分布情况，从而展示了基因丰度、变化幅度与统计显著性之间的关系[26-28]。

一般来说，丰度较大，变化明显且显著性较高的基因可以作为后续分析与实验研究的靶点。MA图展示的是利用两组归一化后表达量的均值和差异倍数之间的关系，靠近右下和左上的基因即为丰度较高且变化幅度较大的基因（图8.24）。火山图展示的是差异倍数与padj值之间的关系，靠近左上角和右上角的基因即为统计显著性较强且变化幅度较大的基因（图8.25）。

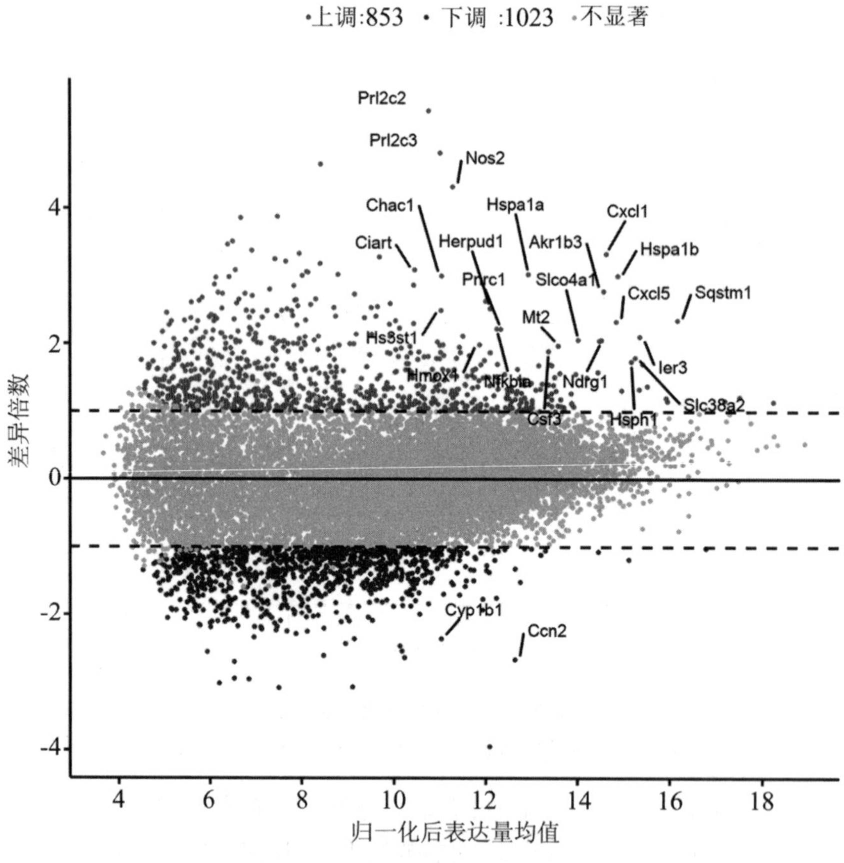

图8.24 差异基因MA图

Figure 8.24 MA map of different genes

图中横坐标为归一化后表达量的均值，纵坐标为差异倍数（log2FC），红色和蓝色分别代表显著上调和显著下调的基因，灰色为不显著变化基因。标签标注的点为显著变化排名前20的基因名称。

图中横坐标为差异倍数（log2FC），纵坐标为显著性（-log10padj），红色和蓝色分别代表显著上调和显著下调的基因，灰色为不显著变化基因。标签标注的点为显著变化排名前20的基因名称。

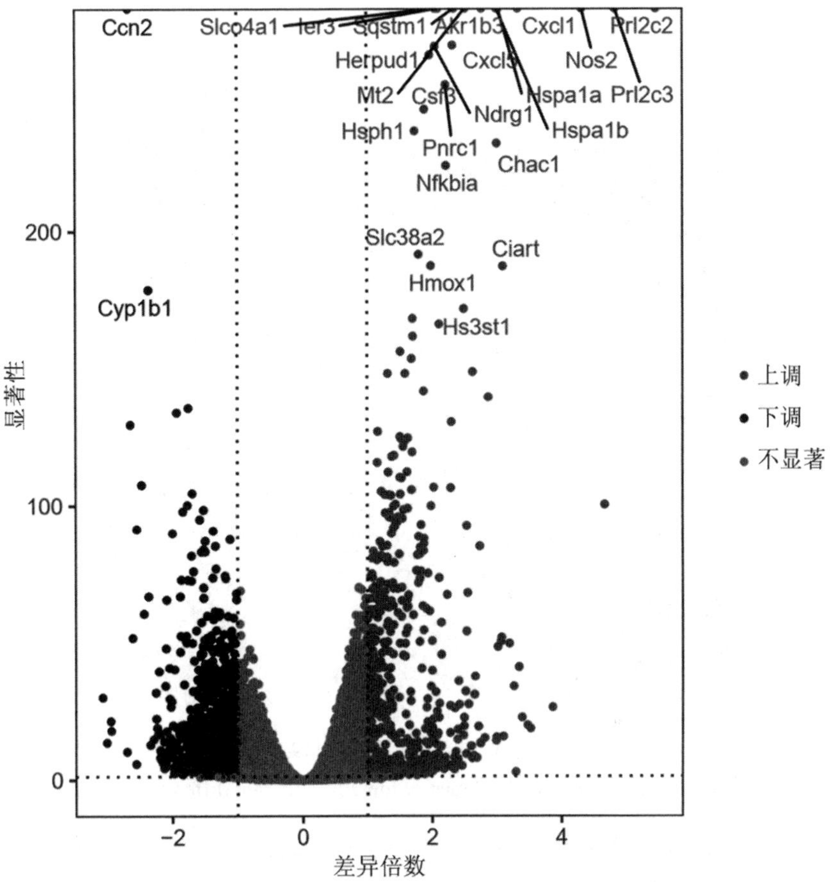

图 8.25　差异基因火山图

Figure 8.25　The volcano map of different genes

四、差异基因 / 转录本聚类

将所有比较组的差异基因取并集之后作为差异基因集。两组以上的实验可以对差异基因集进行聚类分析，将表达模式相近的基因聚在一起，并用热图的形式进行展示，我们按照 p–adj 排序，并按顺序绘制排名前20、全部显著差异基因表达热图[29–31]。我们采用层次聚类的方法对表达量进行聚类分析，并取每个样本表达量与样本表达量均值之差显示表达量的变化。热图中颜色只能横向比较（同一基因在不同样本中的表达情况），不能纵向比较（同一样本不同基因的表达情况，图 8.26）。

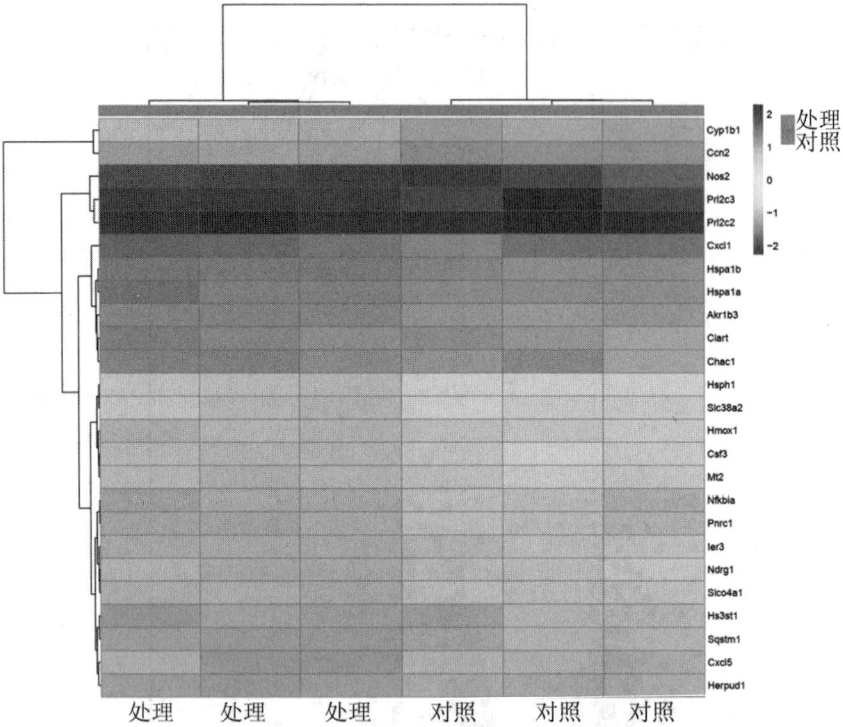

图 8.26 p-adj 排名前 20 显著差异基因聚类热图

Figure 8.26 Clustering heat map of top 20 significant difference genes

横坐标为不同样本，纵坐标为不同的基因，取显著性前20的基因绘制热图，图中值为每个样本表达量与样本表达量均值之差，左侧的聚类信息显示了表达模式相似的差异基因。

五、GO 功能富集分析

GO（Gene Ontology）是描述基因功能的综合性数据库，可以分成生物过程（Biological Process，BP）、细胞组成（Cellular Component，CC）和分子功能（Molecular Function）三部分[32-34]。GO功能富集以p-adj小于0.05作为显著性富集的阈值。

从GO富集分析结果中，在CC、BP、MF三部分中，各自选取最显著的10条GO条目合并绘制柱状图和点图（图8.27，图8.28）。柱状图可以显示GO条目与富集基因数目及显著性之间的关系。点图则在柱状图的基础上将与总差异基因比值信息加入。

从GO富集分析结果中，对CC、BP、MF每一个部分分别选取最显著的20条GO条目绘制柱状图和点图进行展示，若不足20条则绘制全部的GO条目。

我们同时对不同部分GO富集结果最显著前五位GO条目绘制网络图，网络图显示出每个GO条目中含有的显著差异基因的名称及对应实验条件下的表达水平变化，并且将多个GO条目所含有的共同的差异基因以连线的形式显示出来，进而表明某基因在多个GO条目中均具有功能（图8.29，图8.30）。

我们对不同部分的GO富集显著的条目绘制条目网络关系图，GO条目网络关系图显示出所有显著富集的GO条目之间的关系及显著性（图8.31）。此处以BP为例，富集GO条目网络图以“go_bp_enrichmap_plot.pdf”命名。同时我们对显著富集的GO条目绘制瀑布热图，该图显示出GO条目与所含有的差异基因表达之间的关系，并标识出差异具有相似表达模式的GO条目（图8.32）。

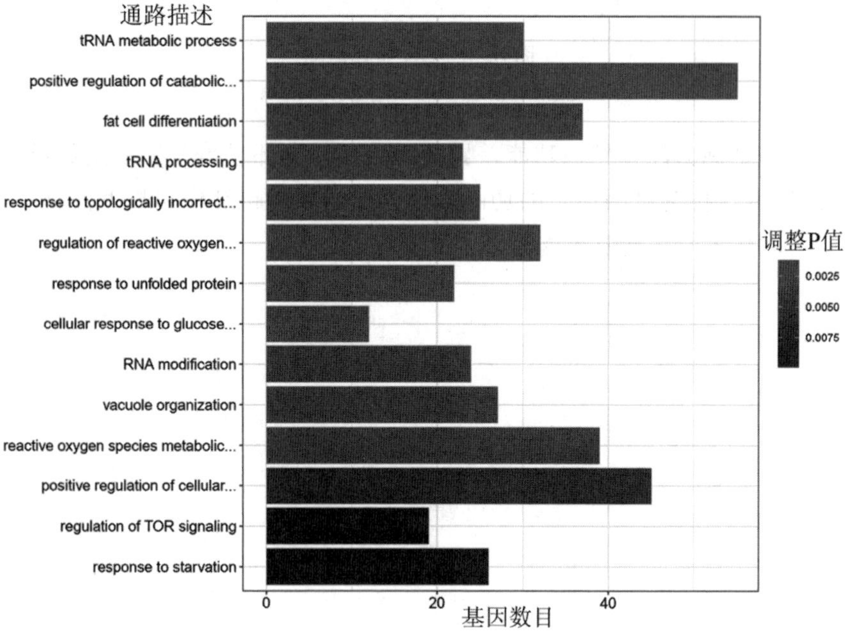

图 8.27　GO 条目柱状图

Figure 8.27　Go entry histo gram

横坐标为每个GO条目的显著差异基因数目，纵坐标为基因条目的功能描述。

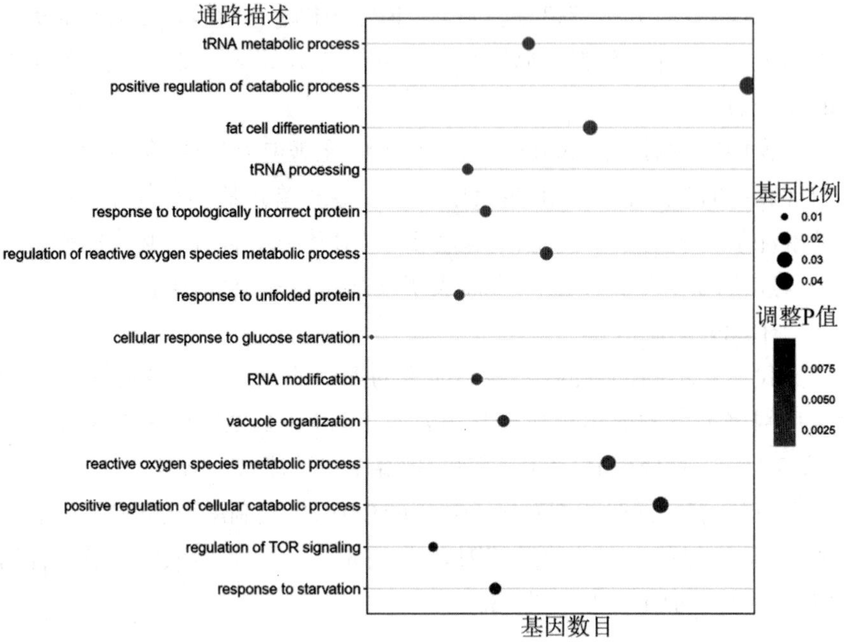

图 8.28　GO 条目点图

Figure 8.28　GOentry point chart

横坐标为注释到该功能差异基因数目与全部显著差异基因数目的比值,纵坐标为基因条目的功能描述。点的颜色越红代表显著性越高,点越大代表所含基因数越多

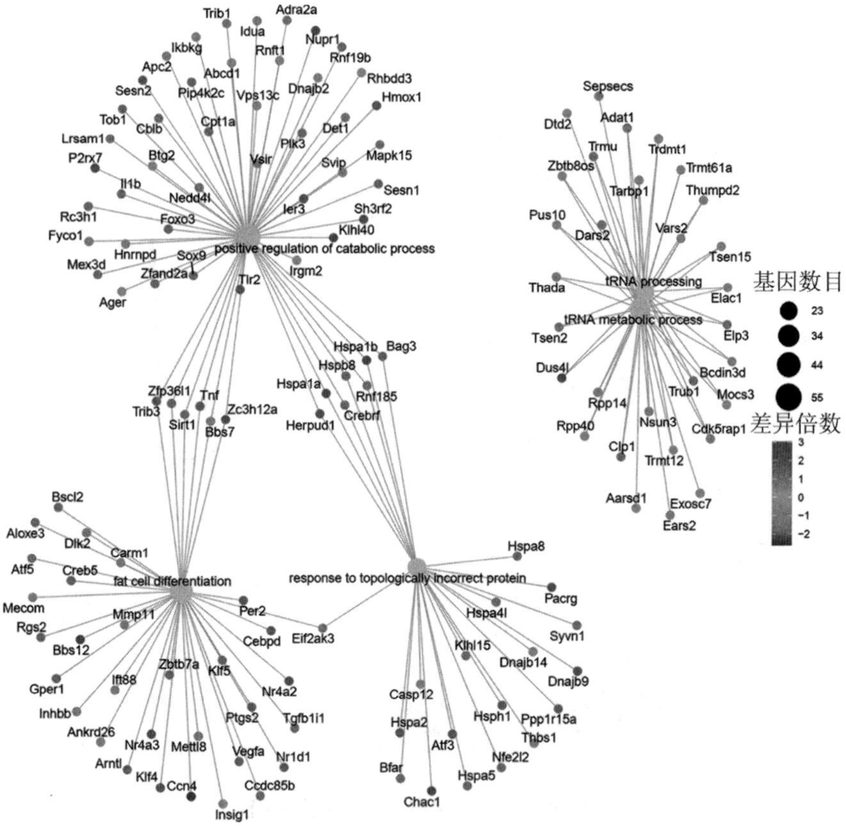

图 8.29 GO 排名前 5 条基因网络图

Figure 8.29 Top 5 gene networks of GO

黄色大圈为排名前5的基因条目及描述,大圈的大小为该基因条目下含有的显著差异基因数目。由大圈扩散出来的小圈代表该基因条目下的差异基因,颜色为其表达差异大小,颜色越红代表实验组基因表达水平越高,越绿代表对照组基因表达水平越高。多个大圈连接的小圈代表该基因存在于多个GO条目中。

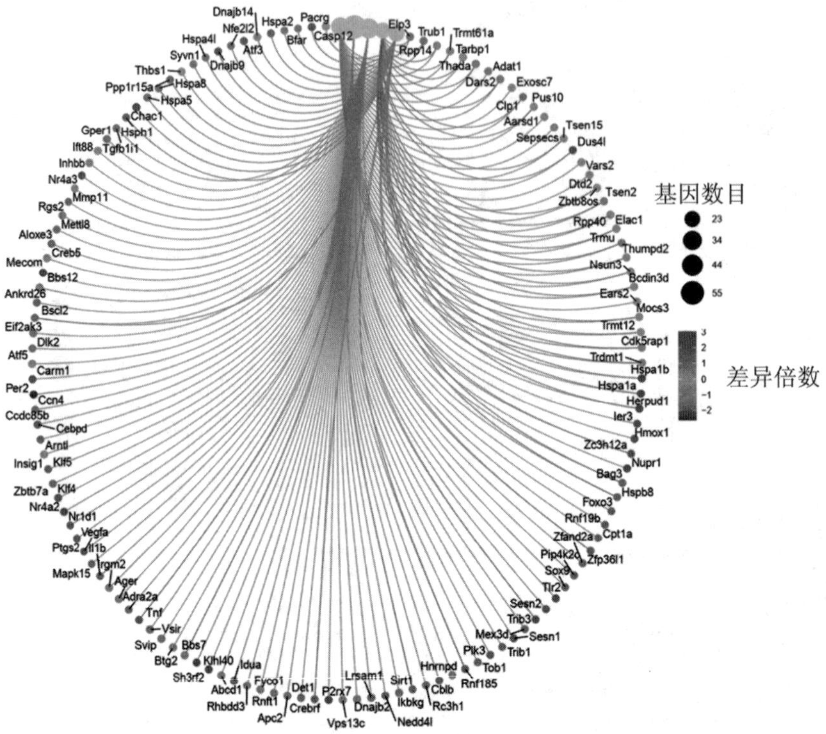

图 8.30　GO 排名前 5 条基因网络图

Figure 8.30　Top 5 gene networks of GO

黄色大圈为排名前5的基因条目及描述,大圈的大小为该基因条目下含有的显著差异基因数目。由大圈扩散出来的小圈代表该基因条目下的差异基因,颜色为其表达差异大小,颜色越红代表实验组基因表达水平越高,越绿代表对照组基因表达水平越高。不同颜色的线代表不同GO条目存在的基因,多个大圈连接的小圈代表该基因存在于多个GO条目中。

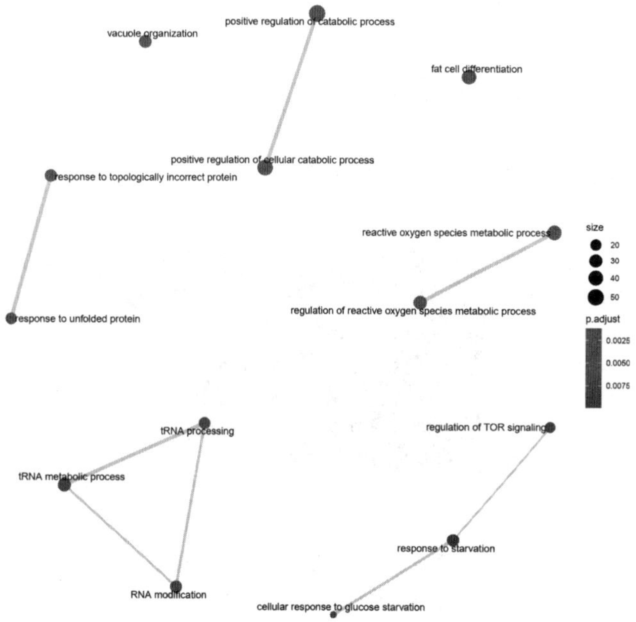

图 8.31 GO 条目网络图

Figure 8.31 GO item network diagram

每一个圆圈代表一个GO条目,圆圈的大小代表对应GO条目中含有的显著差异基因数目,颜色为富集GO条目的显著性,圆圈之间的连线代表GO条目之间存在相同的显著差异基因,连线的粗细代表相同基因数目的多少。线越粗代表共有的基因数目越多。

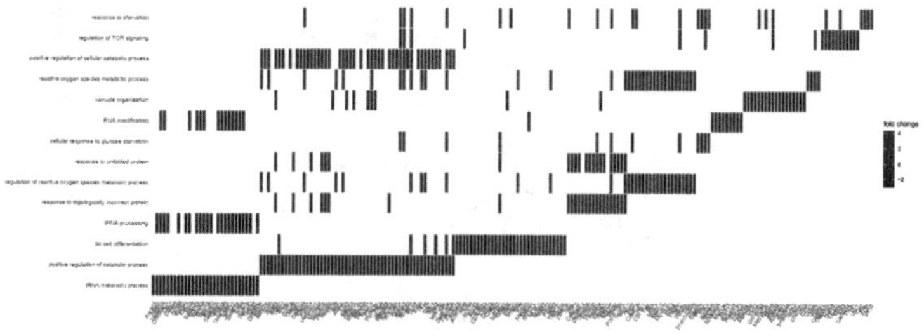

图 8.32 GO 富集瀑布热图(部分)

Figure8.32 Go enrichment waterfall heat map (part)

横轴为显著差异基因,纵轴为GO条目,每一个像素点方块的颜色代表基因在该GO条目下的表达差异情况。颜色越红实验组表达越高,颜色越蓝对照组表达越高。其中具有相似表达差异情况的GO条目可能具有相似的生物学意义。

六、KEGG 富集分析

KEGG富集分析如图8.33~8.36所示

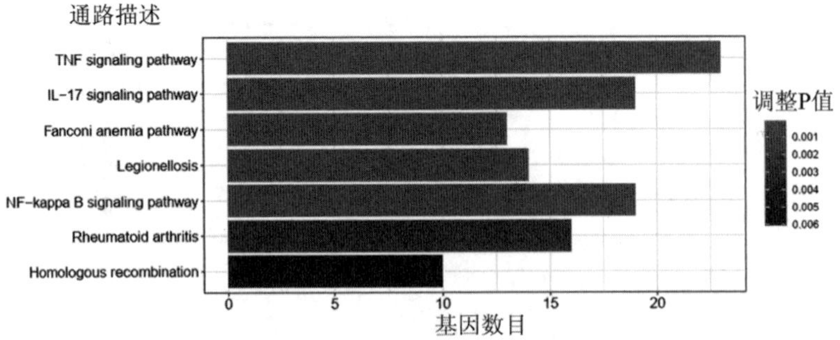

图 8.33 KEGG 条目柱状图

Figure 8.33 KEGG entry histogram

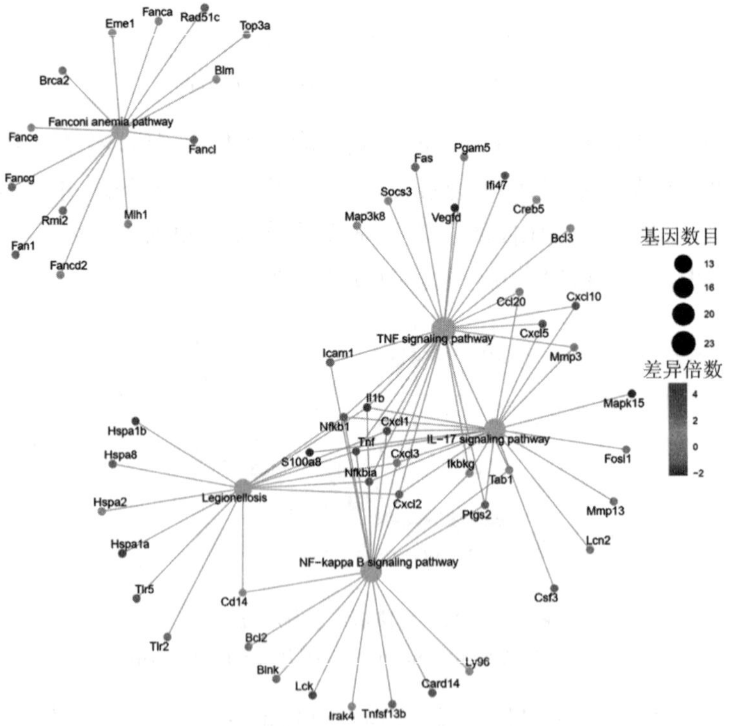

图 8.34 KEGG 排名前 5 条基因网络图

Figure 8.34 KEGG top 5 gene networks

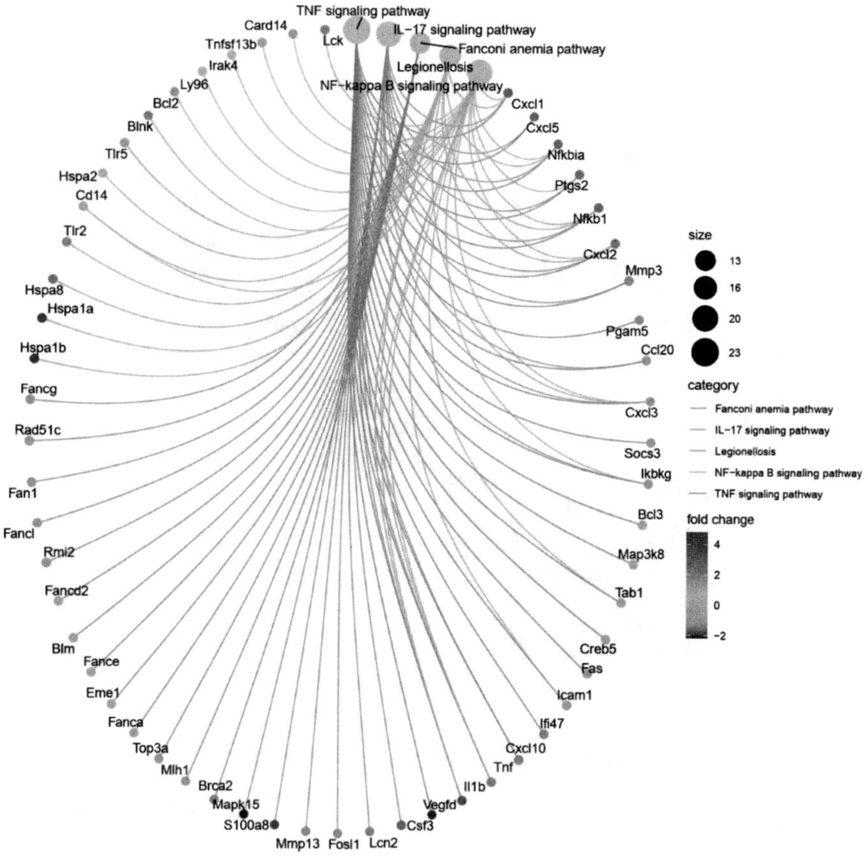

图 8.35　KEGG 排名前 5 条基因网络图

Figure　8.35 KEGG top 5 gene networks

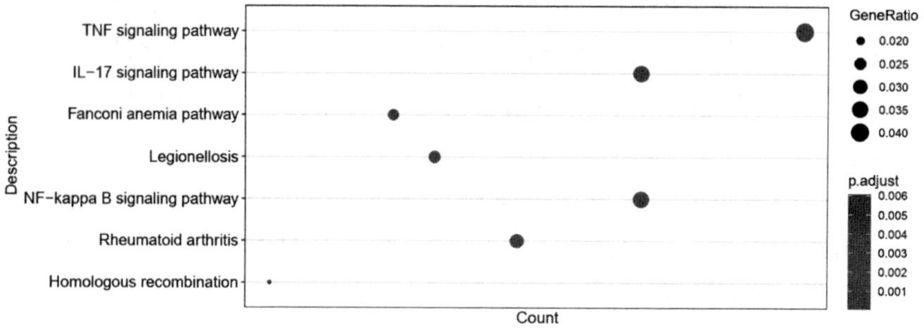

图 8.36　KEGG 条目点图

Figure 8.36　KEGG entry point diagram

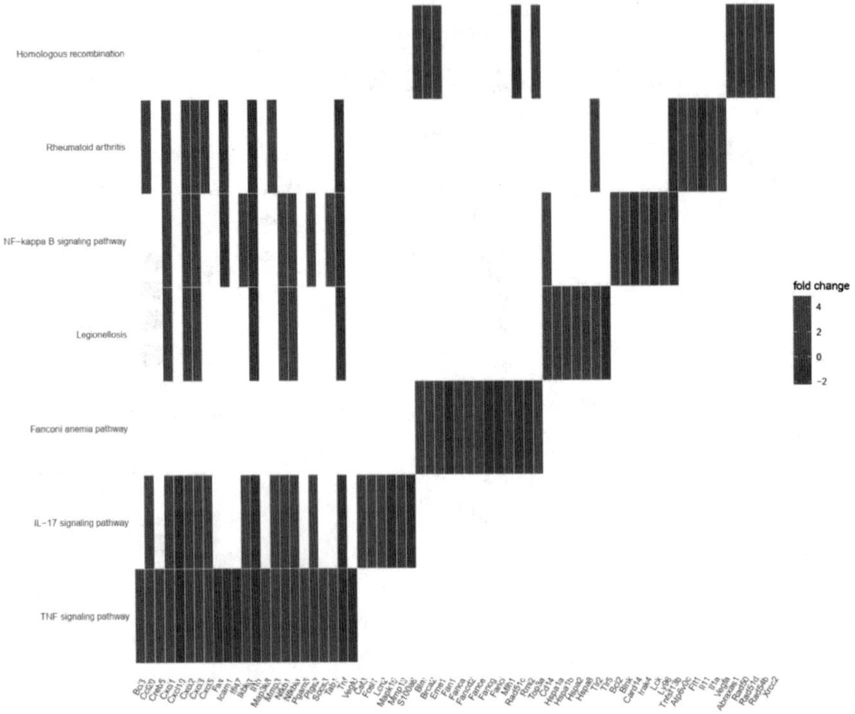

图 8.37　KEGG 富集瀑布热图（部分）

Figure 8.37　KEGG enrichment waterfall heat map （part）

七、蛋白互作网络分析

我们主要应用STRING蛋白质互作数据库中的互作关系进行差异基因蛋白互作网络的分析。针对于STRING数据库中包含的物种，我们直接从STRING数据库中提取显著差异基因的互作关系来构建蛋白互作网络。

将每组分组的全部显著差异基因分别与STRING数据库进行映射，并提取出蛋白互作网络信息（图8.35）。显示的是互作蛋白质的名称及两两之间结合可信度与强度的信息。

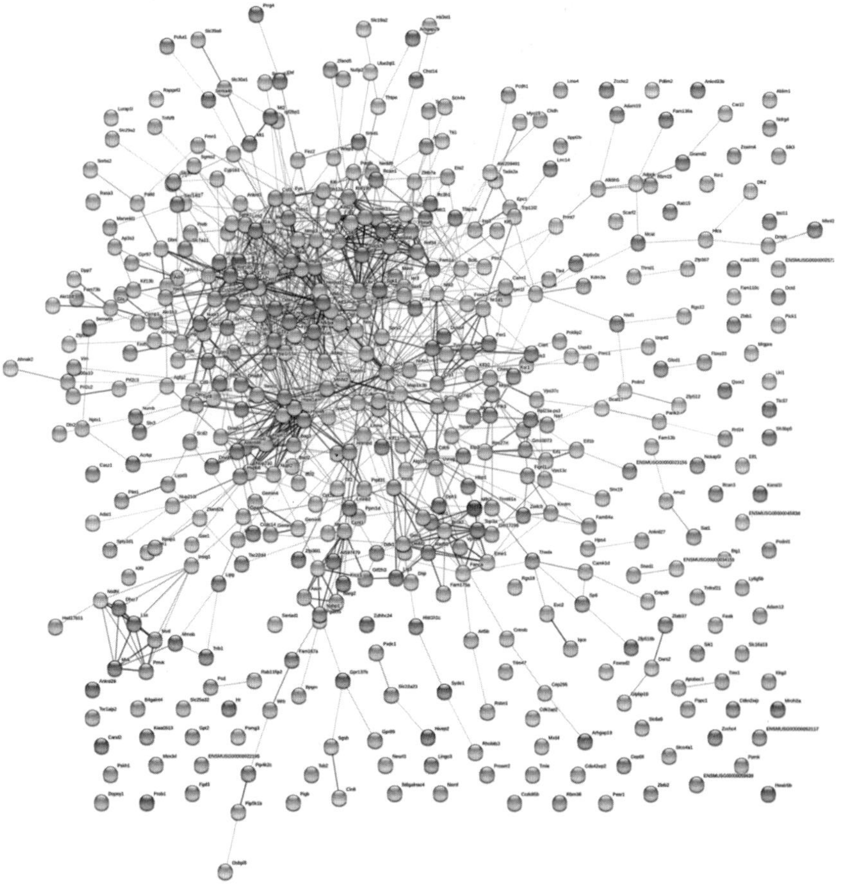

图 8.38 显著差异基因蛋白互作关系图

Figure 8.38 Significant difference gene protein interaction dia gram

图中每个点为一种差异基因的蛋白产物，点中间为蛋白质构象，两点之间的连线代表蛋白之间存在互作关系，线的粗细代表互作关系的强弱，线越粗互作关系越强。

经过转录分析，发现AMEP蛋白能够引起多个差异基因的显著上调（cyp1b1、Ccn2）和下调（Nos2、Prl2c3、Prl2C2）。此外，经过GO富集分析，主要有以下通路：tRNA metabolic process、positive re gulation of catabolic process、fat cell differentiation、tRNA processing、response to topologically incorrect protein、re gulation of reactive oxy gen species metabolic process、response to unfolded protein、cellular response to glucose starvation、RNA modification、vacuole organization、reactive oxy gen species metabolic process、 positive re gulation of cellular catabolic process、re gulation of TOR signaling、response to starvation。经 KEGG 富集分析,主要有以下通路: TNF signaling pathway、IL–17 signaling pathway、Fanconi anemia pathway、Le gionellosis、NF–kappa B signaling pathway、Rheumatoid arthritis、Homologous recombination。以上通路都是肿瘤细胞凋亡或者坏死的相关通路,这些结果在转录水平上支持了 AMEP 蛋白对 4T1.2 细胞的抑制活性。

参考文献

[1] Leuschner C, Hansel W. Membrane disrupting lytic peptides for cancer treatments [J]. Curr Pharm Des, 2004, 10(19): 2299–310.

[2] Hoskin D W, Ramamoorthy A. Studies on anticancer activities of antimicrobial peptides [J]. Biochim Biophys Acta, 2008, 1778(2): 357–75.

[3] Sato H, Feix J B. Peptide–membrane interactions and mechanisms of membrane destruction by amphipathic alpha–helical antimicrobial peptides [J]. Biochim Biophys Acta, 2006, 1758(9): 1245–56.

[4] Chaurio R A, Janko C, Muñoz L E, et al. Phospholipids: key players in apoptosis and immune regulation [J]. Molecules, 2009, 14(12): 4892–4914.

[5] Utsugi T, Schroit A J, Connor J, et al. Elevated expression of phosphatidylserine in the outer membrane leaflet of human tumor cells and recognition by activated human blood monocytes [J]. Cancer Res, 1991, 51(11): 3062–6.

[6] Yoon W H, Park H D, Lim K, et al. Effect of O–glycosylated mucin on invasion and metastasis of HM7 human colon cancer cells [J]. Biochem Biophys Res Commun, 1996, 222(3): 694–9.

[7] Burdick M D, Harris A, Reid C J, et al. Oligosaccharides expressed on MUC1 produced by pancreatic and colon tumor cell lines [J]. J Biol Chem, 1997, 272(39): 24198–202.

[8] Mader J S, Hoskin D W. Cationic antimicrobial peptides as novel cytotoxic agents for cancer treatment [J]. Expert opinion on investigational drugs, 2006, 15(8): 933–946.

[9] Sinthuvanich C, Veiga A S, Gupta K, et al. Anticancer beta–hairpin peptides: membrane–induced folding triggers activity [J]. J Am Chem Soc, 2012, 134(14): 6210–7.

[10] Van Zoggel H, Carpentier G, Dos Santos C, et al. Antitumor and angiostatic activities of the antimicrobial peptide dermaseptin B2 [J]. PLoS One, 2012, 7(9): e44351.

[11] Verkleij A J, Zwaal R F, Roelofsen B, et al. The asymmetric distribution of phospholipids in the human red cell membrane. A combined study using phospholipases and freeze–etch electron microscopy [J]. Biochimica

et Biophysica Acta, 1973, 323(2): 178–193.

[12]Zachowski A. Phospholipids in animal eukaryotic membranes: transverse asymmetry and movement [J]. Biochem J, 1993, 294 (Pt 1): 1–14.

[13] Kozłowska K, Nowak J, Kwiatkowski B, et al. ESR study of plasmatic membrane of the transplantable melanoma cells in relation to their biological properties [J]. Experimental & Toxicologic Pathology Official Journal of the Gesellschaft Für Toxikologische Pathologie, 1999, 51(1): 89–92.

[14] Li Y C, Park M J, Ye S K, et al. Elevated levels of cholesterol–rich lipid rafts in cancer cells are correlated with apoptosis sensitivity induced by cholesterol–depleting agents [J]. Am J Pathol, 2006, 168(4): 1107–18; quiz 1404–5.

[15] Kawamoto M, Horibe T, Kohno M, et al. A novel transferrin receptor–targeted hybrid peptide disintegrates cancer cell membrane to induce rapid killing of cancer cells [J]. BMC Cancer, 2011, 11: 359.

[16] Feinmesser M, Raiter A, Hardy B. Prevention of melanoma metastases in lungs of BAT treated and peptide immunized mice [J]. Int J Oncol, 2006, 29(4): 911–7.

[17] Otvos L, Jr., Cudic M, Chua B Y, et al. An insect antibacterial peptide–based drug delivery system [J]. Mol Pharm, 2004, 1(3): 220–32.

[18] THOMAS H, COLEY H M. Overcoming multidrug resistance in cancer: an update on the clinical strategy of inhibiting p–glycoprotein [J]. Cancer control : journal of the Moffitt Cancer Center, 2003, 10(2): 159–65.

[19] MASON J M. Design and development of peptides and peptide mimetics as antagonists for therapeutic intervention [J]. Future medicinal chemistry, 2010, 2(12): 1813–22.

[20] GREEN B D, GAULT V A, MOONEY M H, et al. Degradation, receptor binding, insulin secreting and antihyperglycaemic actions of palmitate–derivatised native and Ala8–substituted GLP–1 analogues [J]. Biological chemistry, 2004, 385(2): 169–77.

[21] Z. Wang, M. Gerstein, M. Snyder, RNA–Seq: a revolutionary tool for transcriptomics, Nature Reviews Genetics, 2009, 10(1) : 57–63.

[22] D. Parkhomchuk, T. Borodina, V. Amstislavskiy, et al. Transcriptome analysis by strand–specific sequencing of complementary DNA [J].

Nucleic Acids Research, 2009, 37(18) : e123–e123.

[23] L.D. Goldstein, Y. Cao, G. Pau, et al. Prediction and Quantification of Splice Events from RNA–Seq Data [J]. PLOS ONE , 2016, 11(5) : e0156132.

[24] A. Mortazavi, B.A. Williams, K. McCue, et al. Mapping and quantifying mammalian transcriptomes by RNA–Seq [J]. Nature Methods, 2008, 5(7): 621–628.

[25] M. Pertea, G.M. Pertea, C.M. Antonescu, et al. StringTie enables improved reconstruction of a transcriptome from RNA–seq reads [J]. Nature Biotechnology , 2015, 33(3): 290–295.

[26] M. Garber, M.G. Grabherr, M. Guttman, et al. Computational methods for transcriptome annotation and quantification using RNA–seq [J]. Nature Methods, 2011, 8(6): 469–477.

[27] N.L. Bray, H. Pimentel, P. Melsted, et al. Near–optimal probabilistic RNA–seq quantification [J]. Nature Biotechnology, 2016, 34(5): 525–527.

[28] R. Patro, S.M. Mount, C. Kingsford. Sailfish enables alignment–free isoform quantification from RNA–seq reads using lightweight algorithms [J]. Nature Biotechnology, 2014, 32(5): 462–464.

[29] S. Anders, W. Huber. Differential expression analysis for sequence count data [J]. Genome Biology, 2010, 11(10) : R106.

[30] M.I. Love, W. Huber, S. Anders. Moderated estimation of fold change and dispersion for RNA–seq data with DESeq2 [J]. Genome Biology, 2014, 15(12): 550.

[31] M.D. Young, M.J. Wakefield, G.K. Smyth, et al. Gene ontology analysis for RNA–seq: accounting for selection bias [J]. Genome Biology, 2010, 11(2): R14.

[32] M. Kanehisa, S. Goto. KEGG: Kyoto Encyclopedia of Genes and Genomes [J]. Nucleic Acids Research, 2000, 28(1) : 27–30.

[33] S. Shen, J.W. Park, Z.–x. Lu, et al. rMATS: Robust and flexible detection of differential alternative splicing from replicate RNA–Seq data [J]. Proceedings of the National Academy of Sciences, 2014, 111(51): E5593.

[34] Mckenna A , Hanna M , Banks E , et al. The Genome Analysis Toolkit: A MapReduce framework for analyzing next–generation DNA sequencing data [J]. Genome Research, 2010, 20(9): 1297–1303.